U0138230

一步万里阔

舔盖儿

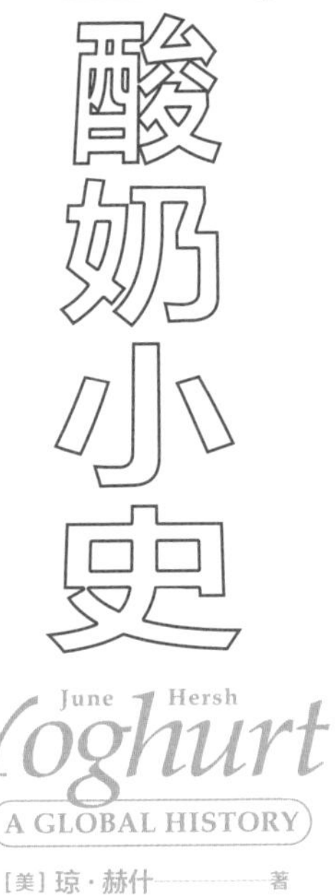

酸奶小史

June Hersh

Yoghurt

A GLOBAL HISTORY

[美] 琼·赫什 著

吴岭 译

中国工人出版社

图书在版编目（CIP）数据

舔盖儿：酸奶小史 /（美）琼·赫什著；吴岭译 .—
北京：中国工人出版社，2024.1
书名原文：Yoghurt: A Global History
ISBN 978-7-5008-8053-0

Ⅰ.①舔… Ⅱ.①琼… ②吴… Ⅲ.①酸乳—历史 Ⅳ.① TS252.54

中国国家版本馆 CIP 数据核字（2024）第 045272 号

著作权合同登记号：图字 01-2023-0469

舔盖儿：酸奶小史

出 版 人　董　宽
责任编辑　董芳璐
责任校对　张　彦
责任印制　黄　丽
出版发行　中国工人出版社
地　　址　北京市东城区鼓楼外大街 45 号　邮编：100120
网　　址　http://www.wp-china.com
电　　话　（010）62005043（总编室）　（010）62005039（印制管理中心）
　　　　　（010）62001780（万川文化出版中心）
发行热线　（010）82029051　62383056
经　　销　各地书店
印　　刷　北京盛通印刷股份有限公司
开　　本　880 毫米 ×1230 毫米　1/32
印　　张　8.75
字　　数　150 千字
版　　次　2024 年 4 月第 1 版　2024 年 4 月第 1 次印刷
定　　价　68.00 元

目录

前 言 酸奶——千年以来的食品风尚

在公元前1万年就出现在人类的饮食中，千年以来一直大受欢迎，直到今天仍然是厨房里的基本食物，能同时满足这三点的食物寥寥无几。再进一步，能用清淡、酸等词来表达赞美的食物就更少了。然而，世界上古老的发酵食品之一——酸奶，满足了上述的全部条件。

酸奶是适配性强、用途广泛的食物之一，它不仅可以用作食材和辅料，也可以单独作为一道美食。酸奶早中晚皆可食用，是健康的小吃、美味的饭后甜点。它还可以和香甜的添加剂完美搭配。酸奶的制作很简单，在家中就能完成，对一些人来说，每周做一次酸奶，已经成为一种家庭仪式。酸奶现已被证明是一种健康食品，这使它从一种具有高营养价值的超级食物，转变为一种具有高增值特性的保健食品。酸奶为世界各地的人们提供了丰富的牛奶营养，而且不会给乳糖不耐受症患者带来副作用。

为了更好地了解酸奶对人类文化的影响，你需要先了解它对健康的益处。美国的罗伯特·哈特金斯（Robert Hutkins）教授在其《发酵食品的微生物学和技术》（*Microbiology and Technology of Fermented Foods*, 2006）一书中解释道，拿酸奶来说，食品发酵时，食物原料通过微生物的作用完成转化。在微生物的作用下，葡萄可以转化为葡萄酒，大豆则能转化为豆豉和味噌。使这些发酵食品具有如此价值的是数十亿活的微生物，它们是你此时正在摄入并运输到肠道中的有益菌。因为这些微生物对宿主有益，所以它们被称为“益生菌”（源自希腊语中“*life*”一词）。哈特金斯认为，虽然益生菌通常只是人体的“访客”，但如果能够经常摄入的话，它们就可以与有害细菌相互竞争，进而生成维生素，实现帮助人体调节免疫系统的作用。

对生活在新石器时代的人类来说，酸奶无疑是一种具有变革性意义的食物，它为当时世界上最早的一批集体社区奠定了食物基础。诚然，新石器时代的人类还没有能力去理解酸奶的复杂发酵过程，但他们发现，他们在食用酸奶之类的食物时，感觉很美妙，觉得自己变强壮了。因此，几乎在世界上所有宗教的古老典籍中，酸奶都有被提及并受到推崇。酸奶在考古中被频频发现，希腊和罗马学者的古典理论著作中也有它的身影，基于它在食物史中的重要作用，以上这些其实并不令人感到惊讶。

随着酸奶在中亚居民的饮食中迅速传播，在伊斯兰教的黄金时代，酸奶成为一种重要食材，世界上最古老的食谱便是以酸奶为特色的，我们完全可以说，此时，酸奶已是美食不可或缺的一部分。19世纪末20世纪初，酸奶成为许多科学研究的焦点，经过世界各地实验室的测试，古代科学家有关酸奶的真知灼见也得到了科学证明。当酸奶被牢牢地套上健康光环时，它开始成为全球新闻报道的主题，酸奶的药用价值也随之风靡起来。到了20世纪，酸奶摇身一变，又从药品变成了超市乳制品货架上不可或缺的商品，食品制造商抓住了这一发展势头，酸奶也迎来了商业化时代。

20世纪末21世纪初，酸奶战争打响了，酸奶生产商之间的竞争很激烈，对当时的消费者来说，有许多酸奶生产商可供他们选择，可供选择的酸奶品类也非常之多。酸奶生产商意识到，如今的消费者更渴求最适合他们口味的益生菌，他们期待出现有趣的新风味酸奶，因此，为适应快节奏的生活方式而设计的植物基酸奶应运而生。这些尤其吸引了蓬勃发展中的中国和东南亚市场。有许多研究指出酸奶对健康的益处，并将其视为象征健康饮食和生活方式的代表性食品。与那些不食用酸奶的人群相比，食用酸奶的人群“通常更健康、更苗条，受教育程度更高，社会经济地位也更高”。[1]研究还表明，在食用酸奶的人群中，女性的比例更高，阅读食品标签的概率更大，参与体育锻炼的积极性更高，更能意识到食物与健康之间的联系，抽烟、喝酒、去快餐店的概率更小。如果这些益处还不足以说服人们食用酸奶的话，那还可以再补充一点，食用酸奶的人群往往更健康，无论是他们的生活质量还是心理健康。研究酸奶健康益处的科学研究还发现，经常食用酸奶的人，患上心血管疾病、2型糖尿病和肥胖症的风险更低。如今食用酸奶的人，他们想要纵情享受美食而不感到内疚，所以，在日常生活中，乳制品或不含动物成分的健康营养物是他们的固定选择，当然，无糖甜味食品也是一种选择。正如BBC的一条新闻报道所言，"半个世纪以来，不起眼的酸奶已经从时尚健康食品转变为一种大众市场现象，它引发了一场保健食品革命，现已成为价值数十亿英镑的食品产业"。[2]时至今日，酸奶这种古老的全球食品仍在蓬勃发展，为了满足全球市场日益增长的消费需求，酸奶产业也在不断扩大，这可真是令人感到惊叹呀！

印度传统厨具曼尼普尔锅中的凝乳。

1

回到未来

新石器时代是史前人类文化演进和技术发展的最后阶段，我们只需回溯到这一时期，便可以追溯到酸奶这种保健食品的起源。据说，公元前10000—前6000年，生活在安纳托利亚半岛（今土耳其境内）的新石器时代人类，正从狩猎采集型社会向动物驯养型社会转型，奶牛养殖业便是后者的代表。

骆驼、牦牛、奶牛、马匹、绵羊和山羊，这些动物曾因其肉而受到人类重视，现如今，人类又取用它们的乳汁来为自己提供营养。早期人类发现自己拥有大量的鲜奶资源，但同时也存在一个问题——他们患有乳糖不耐受症。但幸运的是，大自然穿上了她的“白大褂”，创造了原始合作，这是温度和细菌之间的一种有机协同作用，二者共同将鲜奶转化成易被人类消化吸收的营养物质来源。新鲜的奶富含蛋白质、钙、磷、核

尼古拉斯·皮耶特索恩·贝切姆，《挤羊奶的女人》（*Woman Milking a Ewe*），布面油画，19世纪。从狩猎采集型社会到动物驯养型社会，先民们还通过动物来生产乳制品，这一社会转变有助于酸奶的发现。

黄素、维生素B_6、维生素B_{12}、维生素D、钾和镁——大自然让它与环境中一直存在的细菌发生相互作用。

随后，大自然带来了阳光，阳光产生了足够的热量来激活益生菌，就像吃豆人一样，益生菌消耗乳糖（天然乳糖），产生乳酸，从而使鲜奶发酵。鲜奶中的蛋白质进行分解（蛋白质变性），随着时间的推移，它们又会重新聚集在一起，并发生凝固。大自然的化学实验创造出一种富含活性健康微生物的全新食品，味道酸浓，呈浓厚凝固状。这也是大多数人认为“yoghurt”（酸奶）这一词源于土耳其语的原因，土耳其语中的“*yoğurmak*”意为“增稠、凝结或凝固”。

那么，新石器时代的人类，又是如何学会利用大自然的力量来制造酸奶的呢？其实，与其说是学来的，不如说是一种偶然的努力，关于这一点，有两种可信度较高的理论。第一种理论认为，牧民们将刚从牲畜那里挤的奶储存在由肠道制成的袋子里。随着时间的推移，这些袋子里的天然细菌酶使鲜奶逐渐发酵，形成酸奶。第二种理论认为，最原始的奶农将鲜奶储存在烈日下的容器中。在不知不觉中，附近树木和植物丛中的细菌会渗入鲜奶，正如进化遗传学家马克·托马斯（Mark Thomas）所指出的，“在中东地区，如果你在早上给奶牛挤奶……到午饭时间，牛奶就已经开始发酵成酸奶”。[1]

以上两种理论，现在还无法确定哪种才是正确的，总而言之，先民们发现了如何将牛奶转化为几乎零乳糖、可长期保存、营养密度高的食物源，这是非比寻常的发现，也因此被众多学者誉为“人类史上的变革性进步”。进化人类学家约阿希姆·布格尔（Joachim Burger）就是其中一位，他任职于德国美因茨大学，曾组织发起过名为“连接欧洲与新石器时代的安纳托利亚文明”（Bridging the European and Anatolian Neolithic）的项目。在此背景下，他指出，“先民们掌握了将牛奶加工成奶酪和酸奶的技术，这大大促进了奶牛养殖业的发展……给人类提供了一种

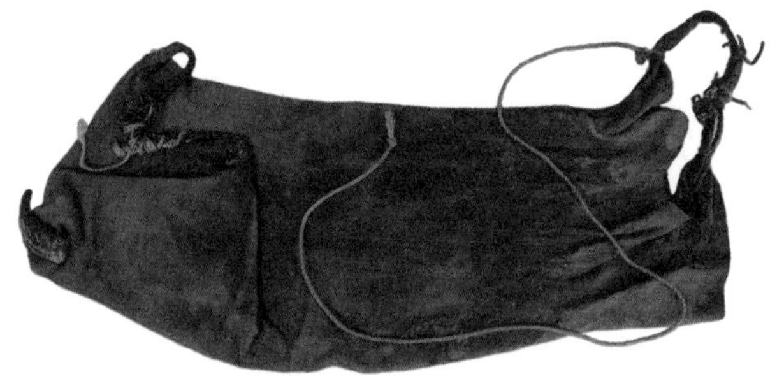

山羊皮袋，可用于携带和搅拌奶制品，阿曼苏丹国，贝都因文化，20世纪70年代。新石器时代的牧民们可能已经会制作类似的动物皮袋。

珍贵的食物”。[2]

目前已有确切证据（我们称其为“黏土”证据）表明，新石器时代的人类已经掌握了鲜奶发酵技术，其整体的烹饪技巧达到了很高水准。朱莉·邓恩（Julie Dunne）是英国布里斯托大学的一位考古学家，她对发现于利比亚撒哈拉沙漠的81块古代陶器残片上的残留物进行了研究，发现“这些化学成分明显来源于动物脂肪”。[3]经过现代技术鉴定，他们确认这些残留物是乳制品，用奶牛、山羊、绵羊等的乳汁制作而成，这些残留物最早可以追溯到公元前5000年。这一发现证实了这样一个理论：在当时，先民们肯定是用器皿来盛放鲜奶的，而且，早在新石器时代，那些未携带乳糖耐受基因的先民，很可能已经不直接饮用动物鲜奶，而是转而开始制作奶酪和酸奶了。安德鲁·库里（Andrew Curry）更进一步，他在题为《给牛奶考个古：牛奶革命》的文章中，援引了另一处科学发现：考古学家偶然在波兰中部附近发现了一些陶器碎片，他们推测这些碎片是欧洲最古老的农民留下的遗迹。[4]来自英国的地球化学家对这些碎片进行了详细检测，他们从中检测出了牛奶脂质的残留物，因此推断古代奶农们不仅会储存牛奶让其自然发酵，还发明了一种将凝乳和乳清（凝乳形成后留下的淡黄色液体）分离的方法，从而将牛奶制作成奶酪或酸奶。

杜灵顿垣墙遗址（Durrington Walls）的考古发现佐证了这一点，这处新石器时代的重要定居点，最早可以追溯到公元前2500年左右，位于英国巨石阵东北方向仅3公里处。2015年，英国多所大学的考古学家组成了合作小组，他们对在此处发现的陶罐做了科学研究，结果发现许多陶罐上都有农家干酪、酸奶、凝乳、乳清等乳制品残留物。需要注意的是，这些陶罐大都出土于举行典礼的纪念碑附近。这表明，牛奶、酸奶等乳制品对这些新兴社区有着宗教般的意义。这些社区的发展程度以及“烹饪团队”在其中所处的重要位置，都给参与这项考古研究的工作者们留下了深

赤陶半球形过滤器，吕底亚文化，公元前6世纪，
可能被用来制作类似奶酪或酸奶的食物。

刻的印象。[5]

生活在新石器时代的先民们，由他们所发明的食谱，可能是世界上最早的一批食谱之一，特别是对酸奶的变革性运用，体现了先民们非凡的创造性和对环境的适应性。当先民们不再定栖于某个地方，转而向其他地方迁徙时，他们就需要一种保质期长且易于携带的食物。为此，新石器时代的厨师们配制了一种食品，他们当时拥有的最为丰富的两类自然资源是碎粒小麦（或大麦）和酸奶，他们用这两种食材配制出了一种完美的混搭食品。这种混搭食品被称为“*kashk*”（或“*kishke*”，具体叫什么名字，取决于所居住的地区）。这种食品的稠度就像面团一样，制作时，先用盐进行腌制，然后放在多孔容器中沥出水分。静置几天（最长两个星期）后，混合物会变得更加黏稠，然后将其放在烈日下暴晒，去除残留的水分。再过上一个星期，厨师们会将混合物碾碎，然后搓成小球，这些干酸奶球即为“*kashk*”。如果想将这些搓好的小球重新

乌兹别克斯坦塔什干圆顶集市上的干酸奶球。

团在一起，只需用少许水将小球浸湿、揉成团，再用火烘干即可。这样的混搭食品，携带起来非常方便。

这些游牧民族奋力穿过中亚地区，从伊朗到土耳其，从巴尔干半岛到阿富汗，再往南到达印度和巴基斯坦，他们的足迹遍及这些地区。他们继续漫游，进入欧洲，并将他们新发现的技术和烹饪知识也带到了沿途经过的地区。生活在这些地区的许多居民，他们的食谱中都出现了类似“*kashk*”的食物，如约旦美食“*jameed*”，阿富汗美食“*quroot*”，土耳其美食“*tarhana*”。同样地，随着先民们的迁徙，这种古老的食物也进入了东欧的德系犹太人家庭，根据其制作方法的不同，人们称其为“*kasha*”或“*kishke*”。在一份10世纪的巴格达食谱中，发现了一道名为“*kkishkiyya*”的菜肴，据说食用这道菜肴可以治疗宿醉。其制作方法是在肉类、鹰嘴豆和蔬菜的丰盛组合中加入“*kashk*”，搅拌均匀后食用，可以用来缓解头痛和胃痛。马可·波罗是意大利的一位旅行家，他在其写于13世纪末的《马可·波罗游记》中，记载有他穿越蒙古时的旅行以及有关成吉思汗大军的见闻。他指出，“蒙古人也会把牛奶晒成一种糊状物，食用时，他们会不停搅拌糊状物，直到其变成可以饮用的液体”。由此可见，成吉思汗认识到了酸奶可长期保存的特性，而且，早在拿破仑提出“士兵是靠胃打仗的”之前，成吉思汗就已证明这句话是对的。时至今日，“*kashk*”这种古老的食材仍会在烹饪中使用，它以液态形式加入菜肴中时，可以给菜肴增添强烈的奶酪风味；也可以在晒干后，研磨成非常细的粉末，这样，它就可以长期保存。

古老的智慧

新石器时代是伟大的发现时代，人类在思想和生活方式方面继续演进了数个世纪，酸奶仍然是这一时期重要的食物来源。到了公元前5世纪至公元前4世纪，古希腊学者几乎已经对所有想象得到的学科进行了报道，从军事战术到制药学，他们的理论和观察在许多情况下都经受住了时间的考验。

当时，在无法借助社交媒体帮助的情况下，酸奶便已在消化和肠道健康领域赢得了众多古代思想家的重视。在西方，希波克拉底被尊称为“医学之父”，希罗多德被尊称为“历史之父”，他们是古希腊的著名学者，二人都认可酸奶的价值。时至今日，希波克拉底提出的生物医学方法仍然有效，他曾在自己的论文《卫生和饮食措施的应用》（*Application of Hygienic and Dietary Measures*）中，赞扬了酸奶的许多优点。而希罗多德为了完成自己所谓的“个人探索”，一生都在波斯地区旅行调研，四处收集资料。他曾在书中提到过一种食物，根据其描述，这种食物的特征与结构和酸奶非常相像，他认为，这是色雷斯人送给世人的礼物。

进入1世纪，古罗马博物学家老普林尼撰写了他的历史学著作《博物志》（*Natural History*）。他在论述医学和药物的章节中曾提到过，在当时，有一些游牧部落知道如何“将牛奶浓缩成酸度适中的物质”。老普林尼指出，在亚述人的文化中，酸奶被称为“*lebeny*”（意为“生命”），他们将其视为一种神圣的食物，同时，也是在治疗大多数疾病时不可或缺的良药。迪奥斯科里德斯（Dioscorides）是与老普林尼同时代的古希腊药剂师，他曾撰写过一部关于医学和药理学的传奇性著作——《论药物》（*De materia medica*）。在这本书中，他也对酸奶的功效进行了探讨，认为酸奶有助于清除体内杂质和治疗结核病。

对酸奶的健康益处的研究一直持续到2世纪。当时，古希腊有一位医生和哲学家，名为盖伦，他进一步发展了希波克拉底提出的一些理论。他曾提到过，有一种饮料可以缓解胆汁性胃炎。这种饮料很可能便是“*pyriate*”或“*oxygala*”（在古希腊语中，“*oxy*”意为“酸”，“*gala*”指“牛奶”，合起来即为“酸奶”）。英国作家苏珊娜·霍夫曼在其著作《橄榄与刺山柑花

“正在配制长生不老药的医生”，手稿。这页手稿出自《论药物》的阿拉伯语译本，手稿上的年份为1224年，本书的原作者为迪奥斯科里德斯。

蕾》(*The Olive and the Caper*)中指出，“希腊人自古就熟知这种饮料”，它对医疗实践的影响一直持续到17世纪。[6]

跨越语言的隔阂

5世纪至15世纪，西方世界已经从古代的哲学思辨转向中世纪实践，在这一漫长的历史时期中，酸奶的流行热潮依然没有消退。当时，世界上的大部分地区都动荡不安，西方也处于所谓的黑暗时代（欧洲中世纪），而此时的阿拉伯世界却在经历一场觉醒。哈里发（历史上伊斯兰国家的统治者）建设起更为发达的城市，并将阿拉伯世界的中心迁移至巴格达，阿拔斯王朝也开始高度重视古代思想家的言论。

在伊斯兰的这一黄金时代，翻译古希腊和古罗马学者的作品成为一种风尚。侯奈因·伊本·伊斯哈格是当时著名的翻译家之一，他生活在9世纪，是一名医生和科学家，被誉为“伊斯兰医学之父”。除了翻译，他还撰写过许多专题论文，他曾在论文中提到过“*laban*”（意为酸奶或变质牛奶）。他从理论方面进行探讨，“*laban*”可以健胃，治疗腹泻，促进食欲，调节血热，净化体液，让血液循环更加顺畅，同时让皮肤、嘴唇和黏膜呈现出健康柔嫩的颜色。

此时期的另一位重要翻译家是拉齐，他是波斯人，曾在巴格达担任主任医师。他虽然很仰慕古希腊医生盖伦，但在许多医学理论上，他的见解都与这位先贤相左。然而，他们在酸奶这个话题上达成了一致。拉齐将酸奶视为一种新的营养来源，他建议那些喝普通牛奶不易消化，会产生焦虑感、胃部沉重感，甚至昏迷的人，应该放弃普通牛奶，转而饮用酸奶。拉齐可能是历史上首位提出“心肠连接理论”的人，该理论认为，肠道中的微生物与大脑之间有着直接的交流联系。

为了不被阿拉伯翻译家超越，两位活跃于11世纪的维吾尔族人——马哈茂德·喀什噶里和玉素甫·哈斯·哈吉甫不甘示弱，后世认为，他们在世界上最古老的词典中首次对酸奶做出了明确定义。在《突厥语大词典》（*Diwan Lughat al-Turk*）和《福乐智慧》（*Kutadgu Bilig*）中，两人都特别提到了酸奶以及它对土耳其游牧民族的重要意义。这些学术著作有助于在整个黎凡特地区（包括亚洲最西端和土耳其）传播酸奶对健康的益处。

巴格达的烹饪

遗憾的是，在岁月的淘洗下，记录巴格达烹饪的珍贵食谱，如今只有少数几本流传了下来，其中就包括伊本·塞拉尔·瓦拉克撰写的《食谱》（*Kitāb al-ṭabīkh*），以及后来由穆罕默德·伊本·海森·伊本·克里姆汇编的《菜肴之书》（*Book of Dishes*）。这些杰出的食谱成书于10世纪至12世纪，其中还收录了伟大的哈里发在举办宫廷宴会时所用的食谱，这些食谱为当时的宴会增添了许多光彩。

现如今，这些食谱经过精心翻译，被编著成《伊斯兰世界的中世纪美食》（*Medieval Cuisine of the Islamic World*, 2007）一书。书中有一道菜，名为“*labaniyya rūmiyya*”，这是一道希腊或拜占庭风味的炖菜。先将肉和切碎的甜菜叶放入锅中，煮至半熟，再加入1磅酸奶和半*ūqiya*（古代中东地区的一种计量方法）大米，将其熬制成丝滑的酱汁，作为这道炖菜的汤底。

马克西姆·罗丁森、亚瑟·约翰·阿伯里和查尔斯·佩里合著的《中世纪阿拉伯食谱》（*Medieval Arab Cookery*, 2001）中，引用了现存最早的阿拉伯烹饪书籍中的许多酸奶食谱，包括一种酸奶调味品和一种酸奶葫芦食谱。要制作酸奶葫芦，烹饪过程包括将茄子削皮、去籽、切块，放入水中加盐熬煮。待完全煮熟后，再进行风干，最后加入波斯酸奶、大蒜和黑种草籽

中东茄末炖肉菜（酸奶底）。

（一种具有辛辣洋葱味的黑色种子），搅拌均匀后即可食用。正如此食谱最初的作者所说的那样，“它的味道非常好”。

巴格达烹饪的最佳代表，通常是将酸奶、茄子和肉类搭配在一起，如“*Burani-ye bademjun*”，这道菜与哈里发麦蒙的妻子布兰有关，据说最初是为她的婚宴而准备的。在《中世纪阿拉伯食谱》中，“*Burani-ye bademjun*”的食谱以冷热平衡为特色：冷却的酸奶可以调和哈里萨辣酱、香菜和桂皮（产自中国）等香料的辛辣味，可以为用芝麻油炸制的茄子增添酸味，可以减少用尾油炸制的肉丸子的脂肪。总之，酸奶使得这道菜更易消化，风味更佳。

先用芝麻油炸制茄子，炸好后去皮，再放入宽敞的容器中。用勺子将其捣碎成哈里萨辣酱状。取加有捣碎大蒜和少量盐的波斯酸奶，将其浇在茄末上，搅拌均匀。将捣碎的瘦肉做成肉丸子，放在尾油里进行炸制，再将炸制好的肉丸子放在茄末和酸奶上面。最后，撒上研磨成粉末的干香菜叶和桂皮，这道美味的菜肴就做好了。

从远古时期开始，人类便已认识到利用自然资源来获取持续营养的好处，当时间来到巴格达辉煌的烹饪时代，酸奶已在文化、营养和医学领域扎下了根，并将在未来的几个世纪里进一步萌芽、成长。

June Hersh

Yoghurt

A GLOBAL HISTORY

2

“酸奶主义”：一种宗教般的美食体验

世界上许多著名的宗教，如犹太教、基督教、锡克教、耆那教、佛教、印度教和伊斯兰教等，都对酸奶抱有信仰。在印度《阿育吠陀》（*Ayurvedic*）、《圣经》（*Bible*）、《塔木德》（*Talmud*）、《古兰经》（*Koran*）以及佛教文献等古代宗教典籍中，都有大量关于酸奶的文献记载。从这些文献中，我们可以明显看出，在当时，烹饪的影响已经渗入宗教著作和宗教仪式当中。因为在这些文献成书的许多地区，酸奶都是流行食物，有关酸奶益处的故事也是人们热衷讨论的话题，所以，我们能在宗教经文中找到如此多有关酸奶的记载，也就不足为奇了。

可以说，酸奶在《旧约》中扮演着极其重要的角色，书中曾多次提到凝乳（curd），这一术语可和酸奶（yoghurt）、酸牛奶（sour milk）两词互换。《旧约·创世纪》(18:8)中写道，当亚伯拉罕的帐篷有客人来访时，他“拿出凝乳、牛奶，牵出他事先预备好的牛犊，放在他们(客人)面前”。当时的波斯文献和传说，暗示亚伯拉罕的多子多福和长寿得益于这些酸奶。《旧约·以赛亚书》(7:15)中写道，“到他晓得弃恶扬善的时候，他必须吃凝乳与蜂蜜……他就得吃凝乳，在境内所剩的人，都要吃凝乳与蜂蜜”。

《旧约·箴言》(30:33)中写道，“摇牛奶必成凝乳，扭鼻子必出血。照样，激动怒气必起争端”。《旧约·士师记》中提到了用“宝贵的盘子”来盛凝乳，而在《旧约·撒母耳记下》中，(玛哈念的居民)给大卫及其筋疲力尽的追随者们提供了凝乳和蜂蜜。以上这些参考文献，只是进一步证明了凝乳是以色列人饮食中的主食。这些文献不禁会让人们产生疑问，称以色列为“酸奶、蜂蜜之地”，是不是要比“牛奶、蜂蜜之地”更为妥当?

《古兰经》中并没有直接提到酸奶或凝乳，但在讨论被赐福过的逊奈（Sunnah，指先知穆罕默德的言行）食物时，曾提到过一道传统大麦菜肴，名为塔尔比纳（*talbina*），这是阿拉伯语中“*laban*”一词的派生词。这道菜之所以被命名为塔尔比纳，是因为其成品看起来像奶油，通常有酸奶这一食材。据说，这道菜有神奇的疗效，它可以治愈悲伤，是葬礼后宾客们的主食，“食用塔尔比纳能让患者的心得到休息，唤醒活力，减轻悲伤和痛苦”。根据一份古老的食谱记载，制作时，先取两勺大麦和一杯水，然后放入锅中，煮沸5分钟，再加入酸奶和蜂蜜，即可食用。

在伊斯兰传统中，酸奶仍然是必不可少的食物之一，在开斋节食用，也是许多菜肴的主要食材，比如印度香饭（biryani，又称印度比尔亚尼菜，这是一种节日炖菜，其名称源自波斯语，意为“在烹饪之前进行油煎”）和波拉尼（*bolani*，一种阿富汗夹心饼，在古尔邦节的第一天享用）。

在中世纪的印度，既可以在佛教著作中找到与酸

塔尔比纳既可以做成浓粥，也可以做成阿勒颇风味——
就像图中展示的那样，在大麦汤中加入酸奶。

奶有关的文献，也可以在佛教密宗中找到与之相关的符号。酸奶被认为是一种纯净的食物，洁白，没有消极因素，制作酸奶的过程被视为精神修炼的一种隐喻。在中国西藏地区，每年都会举办一个庆祝酸奶的节日。这一节日名为“雪顿节”，藏语意为“酸奶宴”，起源于500多年前，最初是宗教性质的，寺庙里的信徒会在长时间的冥想之后，给僧侣奉上酸奶。这一庆祝活动在藏历6月末或7月初（通常在公历8月或9月）举行。节日内容包括食用酸奶、观看歌剧和传统舞蹈表演，以及其他丰富多彩的活动和展览，如唐卡（一种具有宗教启发意义的织物画）揭幕仪式。酸奶有许多种享用形式，西藏拉萨有一家很受欢迎的酸奶小吃店，每天都会供应1000多碗酸奶。

印度的阿育吠陀文献可以追溯到公元前1500—前500年的吠陀时代，在这一时期，文献中便已有大量关于凝乳和蜂蜜的参考文献，它们通常被称为“神的食物”。玛度帕卡（*madhuparka*）是酸奶和蜂蜜的

唐卡揭幕仪式是西藏雪顿节的重要组成部分。

该照片拍摄于拉萨哲蚌寺，2010年8月。

混合物，经常被用来招待贵宾和访客，多在特殊场合使用。在梵文著作中，多次提到酸牛奶，还经常提到“*dadhi*”，这是一种发酵牛奶。它被视为一种清凉食品，在如今的印度教崇拜中，它是组成“不死神药”（*panchamrut*）的五甘露之一。

从事阿育吠陀医学研究的维桑特·赖德博士指出，酸奶是唯一被视为悦性食物（具有滋养身体和均衡饮食的作用）的发酵食品。根据古代文献，他建议春季和冬季不要过量食用酸奶，也不要在晚上食用，因为这些时候是土时段（*kapha* times），此时段食用酸奶会给身体带来负担。此外，他还提醒，有些食物不宜与酸奶一起食用，如柠檬、茄科植物或热饮等，食用时还要注意适量，因为食用过多会阻塞人体的输管（*srotas*，循环通道）。

作为葬礼仪式的神圣组成部分，酸奶在锡克教中占有独特的地位。锡克教起源于15世纪时的印度旁遮普邦地区。如今，全球有2000多万名锡克教徒。虽然

“不死神药”（五甘露）：在梵文中，“*panch*”意为“五”，“*amrut*”意为“甘露”。因此，五甘露这一名字取自五种神圣的食材：牛奶、酥油、蜂蜜、糖和酸奶。

锡克教徒信奉火葬风俗，但在最后的仪式之前，他们会先用水和酸奶的混合物对逝者的身体进行净化。等到酸奶风干之后，再为逝者穿上寿衣。人们认为，酸奶洁白的颜色及其自然属性可以净化逝者的灵魂，让其变得圣洁。

耆那教是印度传统宗教之一，有400万—500万名信徒，主要活动在印度地区。与以上尊崇和拥护酸奶的宗教不同，耆那教教义规定，信徒禁食酸奶。这是因为，耆那教教义中有一条基本准则：不伤害任何生物，保护每一个生命，而酸奶中含有数十亿活跃的微生物，因此，食用酸奶被认为是一种残忍的行为。当然也有例外，那就是在发酵当天可以食用酸奶，这样，孵化时间较短，也就意味着酸奶中的活性菌较少。每年印历8月28日至30日，锡克教、耆那教和印度教的信徒都会庆祝排灯节。弗洛伊德·卡多兹是来自印度孟买的著名厨师，根据他的说法，排灯节好比美国“感恩节、独立日和圣诞节的综合性节日”。[1]在这一为期五

印度孟买的一家餐厅供应的传统炸油饼。

天的庆祝活动中，虽然甜点占据着饮食主导地位，但酸奶同样是一道重要的菜肴，炸油饼（*puri bhaji*，一种蓬松的油炸印度面包，用面粉或土豆制成，搭配沙拉或酸奶食用）也是。

综上看来，酸奶似乎同天赐的吗哪一样，是少数几种能够在历史最悠久的宗教及其典籍中占据重要地位的食物之一。

June Hersh

Yoghurt

A GLOBAL HISTORY

3

从微观层面认识酸奶

有一个听起来像童话的真实故事：法国国王弗朗索瓦一世，曾与酸奶有过一次有趣的邂逅。故事是这样的：在16世纪中叶，这位法国国王患有严重的胃病和抑郁症。他的一众医生对此束手无策，无法找到治愈他的方法。于是，法国大使向他们的盟友——奥斯曼帝国的苏丹——苏莱曼大帝求助。他请求苏丹，让其派遣一位以酿造具有康复功效的发酵羊奶而知名的犹太医生。但这位医生只愿意徒步旅行（可能是出于犹太律法中安息日禁止乘坐交通工具进行旅行的规定），于是，他一路带着自己的羊群从南欧步行到了法国。据说，这位医生来到法国后，每天都会给国王服用这种发酵羊奶，几周以后，国王竟真的痊愈了。但对于这位医生的羊群来说，结局就没有那么美好了，据说，它们在巴黎生病了，最后没能被赶回故乡。然而，令人惊讶的是，尽管酸奶有这种奇迹般的“治愈”效果，但在当时的法国，却未能完全流行起来。

300多年后，即19世纪末，人类用更加现代化的视角，对那些早在新石器时代就开始被人类利用的微生物进行了研究。微生物学家试图证明希波克拉底的箴言：“所有疾病都源于肠道。”为了帮助你理解这一点，首先你要明白，你摄入的每一种微生物，都会与你的肠道（整个消化道）相互作用，进而形成被称为肠道菌群的群落。就像指纹一样，每个人的肠道菌群也是独一无二的，通过它，可以识别出你出生的国家、你最后去过的地方或者你午餐吃了什么。人体内肠道菌群的总重量约为1.5千克（3—4磅），菌群种类超过5000种，肠道菌群的数量达到了惊人的1万亿。

19世纪末20世纪初，肠道菌群受到了许多研究者的关注。其中，最著名的当数在俄罗斯出生的动物学家埃黎耶·梅契尼科夫（Élie Metchnikoff）教授，他对微生物及其在免疫系统中的作用进行了研究，并因此获

诺贝尔奖得主埃黎耶·梅契尼科夫，1913年。

得了1908年的诺贝尔奖。梅契尼科夫曾在法国巴斯德研究所的实验室工作，他提出一个理论：衰老是有害细菌群在肠道中大量繁殖的结果。他认为，将富含数十亿个益生菌的酸奶引入人体的肠道系统中，好比军队打仗一样，益生菌群落将战胜有害细菌群落，从而减少胃部不适感。他还认为，这能让人生活得更加健康和长寿。他进一步指出，高浓度乳酸（如保加利亚“酸奶”中发现的乳酸）很可能是保持肠道健康的关键。

距巴斯德研究所几千公里外的一家实验室里，另一位科学家也在研究这个问题。他就是来自保加利亚的微生物学家斯塔门·格里戈罗夫（Stamen Grigorov），同梅契尼科夫一样，他也猜想：保加利亚酸奶中大量存在的乳酸菌，一定有其特殊之处。他想知道，在保加利亚长大、以酸奶为主食的人，为什么在生活环境简陋的情况下，寿命却比世界上其他地方的人更长呢？格里戈罗夫在瑞士的一家实验室工作，他携带了保加利亚的一个传统陶罐（*rukatka*），里面装

保加利亚传统陶罐，位于特罗扬的传统工艺与应用艺术博物馆（Museum of Traditional Crafts and Applied Arts）。

满了来自其祖国保加利亚的自制酸奶。正是通过对这一样本的研究，格里戈罗夫发现了保加利亚酸奶中存在的杆状细菌。

后来，为了纪念格里戈罗夫的祖国，这种细菌被命名为"保加利亚乳杆菌"，最近，又将其重新命名为"德氏乳杆菌保加利亚亚种"。格里戈罗夫取得突破的消息传到了梅契尼科夫那里，这进一步巩固了梅契尼科夫提出的"食用酸奶有益于长寿"的理论。

梅契尼科夫后来所进行的开创性演讲，其基础正是对"食用保加利亚酸奶有益于长寿"这一假设的证实，《免疫力：埃黎耶·梅契尼科夫如何改变现代医学的进程》（*Immunity: How Élie Metchnikoff Changed the Course of Modern Medicine*）一书的作者卢巴·维汉斯基，将这一演讲视为酸奶发展史上的转折点：

（在历史上）能够将全球饮食趋势追溯到一个单一事件是非常罕见的，但酸奶是个例外。1904年6月8

日，梅契尼科夫在巴黎举办的法国农业学会的讲堂上，发表了一次公开演讲，演讲名为“Old Age”，正是这次演讲，促成了现代酸奶产业的形成。

在那次演讲中，梅契尼科夫继续强调了酸奶中所含益生菌的重要性：

在保加利亚人大量摄入的酸奶中，这种微生物广泛存在。保加利亚人以其居民的长寿而闻名于世。因此，有理由认为，若能将保加利亚酸奶引入我们的日常饮食中，便可以借此减少肠道菌群给身体带来的有害影响。[1]

一夜之间，梅契尼科夫和他的“食用酸奶抗衰老”理论成为轰动一时的话题。演讲后的第二天，法国报纸《时代报》（*Le Temps*）报道了他的演讲，文中惊叹道：“那些不想变老或者死亡的漂亮女士和聪明绅士们，这里有宝贵的秘方——吃酸奶！”卢巴·维汉斯基写道，巴黎的精英们会到他们经常去的地方尝试这道特色菜，还会把他们称为“五点钟酸奶”（five o’ clock yoghourt）的东西带回家。药店也开始销售保加利亚乳杆菌，甚至将其作为梅契尼科夫的灵丹妙药进行营销（不管有没有经过他的许可）。公众开始将酸奶视为“药物补充剂”，这引发了医学杂志的关注。《柳叶刀》（*The Lancet*）建议公众在接受“酸奶”治疗之前，最好先得到医生的批准。而《英国医学杂志》（*British Medical Journal*）则认为：“只要剂量不是太大，酸奶可以无限期饮用且不会产生危害，但每天最好不要超过1千克。”[2]

欧洲媒体掀起了报道酸奶的热潮，并促使消费者养成购买酸奶的习惯，全球各地的报纸和杂志也开始纷纷报道这种新奇的食物。1905年，刊载于《芝加哥日报》（*Chicago Journal*）的一篇文章这样描述酸奶：

凝乳……这里单指用保加利亚配方制作的（凝

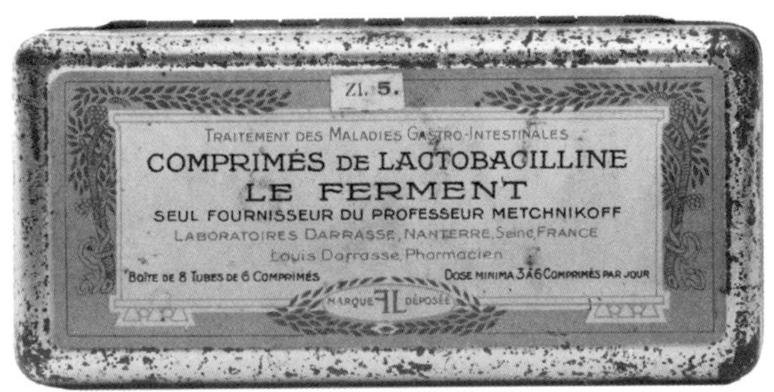

这类乳酸菌药丸生产于1905年至1910年，制造商为巴黎Le Ferment公司。包装说明书上注明：这些药丸由“乳酸杆菌的纯培养物”合成，按照梅契尼科夫教授的说明配制。

乳），如今被视为抗衰老的良药……这种物质被称为酸奶……研究者认为，它对肠道中的各类有害细菌具有致命作用，而梅契尼科夫教授所推崇的那些（肠道）益生菌，则和它“水乳交融”……这种凝乳看起来很像变质的普通奶油奶酪，味道也差不多。那些希望活到一百岁的人，早餐只吃酸奶。

1905年，随着大众对酸奶的认识加深，梅契尼科夫出版了一本小册子，详细介绍了如何在家里自制酸奶。他建议，先将牛奶煮沸几分钟，待其冷却后再往里加入益生菌。然后，他指导读者给盛放酸奶的容器盖上盖子，把它放在温暖的地方静置几个小时。从本质上来说，他提供的这一“配方”，与公元前650年先民们意外发现的酸奶形成过程相同，至今，人们仍在使用这一配方。在接下来的几年里，酸奶继续吸引着人们的关注，但并非所有的关注都是积极的。有些专家对酸奶的真实功效持消极态度，比如美国化学家哈

德国记者阿妮塔·约阿希姆正在享用冰岛酸奶，1934年。

维·威利博士（Dr Harvey Wiley），他后来成为美国食品药品监督管理局（Food and Drug Administration）的首任局长，他曾嘲笑梅契尼科夫认为单一食物是灵丹妙药的观点，并怀疑“食用酸奶有益于长寿”的真实性。在20世纪第一个10年的中期，美国《医学新闻》（*Medical News*）杂志发表了一篇文章，文章指出，“人们会怀疑他（梅契尼科夫）是否在利用公众容易轻信权威的心理来取乐”。梅契尼科夫本人则试图淡化这些说法对自己的负面影响，他声称：“在我关于（酸奶）这一话题的任何出版物中，我从未断言过凝乳能延年益寿。”与此同时，神秘主义在欧洲大行其道。为了顺应这一潮流，梅契尼科夫在1908年发表了他的杰出著作《怎样延长你的寿命》（*Études optimistes*），英文版译为“*The Prolongation of Life: Optimistic Studies*”。在这本书中，他阐述了从社会到医学的众多理论和概念，这本书也成为他的代表作品。

在梅契尼科夫发现益生菌有益于肠道健康之后的

赫克托·莫洛赫（Hector Moloch）所绘漫画，讽刺梅契尼科夫教授"食用酸奶有益于长寿"的理论，发表于1908年6月的《Chanteclair》杂志。

10年里，出现了许多和酸奶行业动态相关的幽默评论，记者们完全不知道该如何准确报道这一现象。1912年4月，加拿大《温尼伯论坛报》（*Winnipeg Tribune*）刊载的一篇文章中，谈到保加利亚百岁老人的数量时说道，“他们岁数太大了，出门转悠时，邻居们都看得厌烦了”。1913年，《温哥华世界日报》（*Vancouver Daily World*）也发表了一篇文章，暗示梅契尼科夫所宣扬的益生菌，能使消费者“返老还童”。

有趣的是，梅契尼科夫的发现吸引了几位俄国名人的关注：列宁、托尔斯泰以及后来成为以色列首任总统的俄国外籍人士哈伊姆·魏茨曼。列宁曾与梅契尼科夫有过交集，当时，他还在为革命而奋斗。列宁一心想招募梅契尼科夫加入革命事业，他对魏茨曼说：“我每次见到我们的朋友梅契尼科夫时，我都会感谢他的酸奶，但同时我也会责备他远离人类社会问题。”[3]梅契尼科夫和大作家托尔斯泰也曾有过交集。据说，在一次活动中，他们俩在大多数事情上都持不同立场，但众所周知的是，他们都很喜爱酸奶，这也是他们唯一能够达成一致的事情。

约翰·哈维·凯洛格（John Harvey Kellogg）医生是梅契尼科夫的忠实信徒。凯洛格被视为“谷物早餐”的创始人，他提出食用早餐时应首选燕麦等谷物。凯洛格在医疗方面的实践不因循传统，这一点在他担任密歇根州巴特尔克里克疗养院的负责人时，体现得淋漓尽致。他曾到法国巴斯德研究所拜访过梅契尼科夫，结束访问回程时，他将酸奶菌群的培养物也一并带了回去。回国后，他尝试将酸奶作为一种医疗方法，通过饮食摄入和灌肠的方式对患者进行治疗。后来，他在自己的著作《自体中毒学说》（*Autointoxication*，1919）中写道，梅契尼科夫“发现了人类的肠道菌群需要改变，这使得整个世界都对他感激不尽”。[4]

在科学家群体中，忙于鉴定与酸奶有关的细菌菌株的并非只有梅契尼科夫和格里戈罗夫。微生物学家在分离、试验和命名细菌方面所做的工作，推动了酸奶产业的发展，其中有许多令人敬佩的重要人物。例如，英国外科医生约瑟夫·李斯特博士（Dr Joseph Lister），在19世纪80年代，他以擅长外科消毒法而闻名于世。但有些人不知道的是，他对乳酸菌及其在牛奶发酵和促进肠道健康方面的作用也做过不少研究。1919年，在李斯特的研究基础之上，丹麦化学家西格尔德·奥尔拉-詹森（Sigurd Orla-Jensen）在《丹麦皇家科学和文学学院回忆录》（*Mémoires de l'Academie Royale des Sciences et des Lettres de Danemark, Copenhague*）上发表了一项为期10年的研究成果，他发现了唾液链球菌（一种嗜热细菌）。在后来的研究工作中，奥尔拉-詹森报道了和酸奶具有共生关系的这种细菌。这种细菌是乳酸菌的“合作伙伴”，包括美国在内的世界上大部分地区，在生产商业酸奶时都离不了它。儿科医生恩斯特·莫罗因分离出嗜酸乳杆菌（一种强效益生菌）而受到世人称赞。在梅契尼科夫曾工作过的实验室里，法国儿科医生亨利·提西尔将其研究重点放在了患有胃病的儿童身上。他注意到，相比于健康儿童，患有胃病的儿童，其体内双歧杆菌数量较少。据此，提西尔建议，可以通过摄入用于发酵酸奶的有益细菌来恢复儿童体内的微生物群。正是提西尔的这一发现，才使得在后来的酸奶生产中，双歧杆菌经常会与嗜酸乳杆菌一起被添加进酸奶中以提高益生菌的功效。

综上，在希波克拉底古老理论的影响下，后世科学家对人体肠道进行了新的深入研究，这推动了现代科学的发展，想必这位先贤也会为此而感到自豪。现如今，在注重饮食健康的人类社会中，酸奶作为一种主流食品，也迎来了其新的发展阶段。

June Hersh

Yoghurt

A GLOBAL HISTORY

4

酸奶进入市场

20世纪初，世界上依然有人在研究酸奶的益处并据此作出回应。伊萨克·卡拉索（Isaac Carasso）便是其中之一，同许多人一样，他也受到了梅契尼科夫的影响，认识到了酸奶的药用价值。卡拉索是塞法迪犹太人，1912年，他从希腊搬回了其家族的出生地西班牙。他带着对酸奶的热爱，在巴塞罗那开办了一家小工厂，打算生产酸奶并将其销售给西班牙各地的药房。7年之后，即1919年，卡拉索正式开创了酸奶的商业时代。为了纪念自己的儿子丹尼尔·卡拉索（Daniel Carasso），他将自己的公司命名为达能（Danone，加泰罗尼亚语，意为“小丹尼尔”）。

卢巴·维汉斯基在其《免疫力：埃黎耶·梅契尼科夫如何改变现代医学的进程》一书中，引用了丹尼尔·卡拉索的话来说明这家酸奶巨头刚起步时的简陋条件："我们用镀锡的大铜桶加热牛奶，用木桨手工搅拌……用吸管往牛奶桶中逐一加入酸奶菌种。我们使用的是巴斯德研究所提供的酸奶培养基。"[1]丹尼尔后来在这一研究所学习细菌学，并于1929年在巴黎成立了巴黎酸奶公司。1941年，丹尼尔为逃离德国纳粹的迫害而移民到了美国。他在纽约布朗克斯区建立了一家分公司，并给它起了一个本土化的名字——Dannon，之后，他与胡安·梅茨格（Juan Metzger）一同将酸奶推向了广阔的市场。值得注意的是，目前，这家跨国酸奶公司的总部设在法国，它在法国被称为Danone。

1942年，梅茨格曾尝试发起一场宣传推广活动，将酸奶作为肉类替代品进行营销，但这一营销理念并没有在市场上流行起来。不过，他在1947年迎来了"顿悟"时刻，这一年，公司推出了水果杯底的酸奶，草莓口味是这类新型酸奶的第一种口味。这使酸奶不再像以往一样仅仅被视为一种健康食品，而是变成了一种适合当作早餐、午餐、晚餐甚至甜点食用的可口甜食。在梅茨格的大力推动下，达能通过积极的广告投入使得公司产品在酸奶市场上占据领先地位。1973年，达能推出了其经典的大型广告宣传片系列，展示了健康、长寿、充满活力的苏联格鲁吉亚农民食用酸奶时的场景。在其中一则广告中，旁白这样说道：

> 在苏联格鲁吉亚地区，有两件神奇的事情和当地居民有关。第一，酸奶在他们的日常饮食中占比很大。第二，这里有很多人都活到了100多岁。当然，我们并不是说食用达能酸奶就能让您长寿，但达能低脂酸奶的确是营养丰富、有益健康的天然食品。[2]

达能在酸奶领域坚持创新和教育，可以说，它是最早一批营销“酸奶是功能性食品”这一概念的公司。在20世纪90年代中期，达能推出了一款益生菌饮料Actimel，在该产品推出后的3年内，英国益生菌市场

酸奶早期是装在玻璃瓶中售卖的，正如20世纪40年代早期美国达能公司酸奶广告中所呈现的那样。

图片来自美国达能公司的经典广告——“在苏联格鲁吉亚地区”，又名“俄罗斯的长寿老人”。广告中描述了一群喜欢吃酸奶的长寿老人。

的销售额从300万英镑跃升至6200万英镑。然而，与Actimel这款产品完全不同，达能于1992年推出了作为酸奶添加剂的彩色糖粒，有些人可能会说，加入这些添加剂对酸奶的销售不利。达能最终搬回了法国。2005年，美国百事可乐公司曾想收购达能。这一收购行动很快便遭到了法国政府的打击，整个法国似乎都在保护达能免受美国公司的收购。《纽约时报》（*New York Times*）报道称，法国人将达能视为“国家象征”，当时的法国总理德·维勒平称其为“工业财富”。如今，达能已经成为全球最大的酸奶分销商，其经营范围几乎覆盖全球所有市场。

当卡拉索离开希腊去创立自己的酸奶王国时，另一家家族企业正在希腊地区争夺市场份额。费奇（Fage，希腊语发音为“*Fah-yeh*”，意为“吃”）是希腊本土的第一个酸奶品牌。早在1926年，菲利波家族就在雅典开了店铺，他们制作的是希腊风味的*straggisto*酸奶——这种酸奶经过多次过滤，去除掉了大部分乳清。其成品酸味浓郁且非常浓稠，制作450克（1磅）这种酸奶需要用到1.8千克（4磅）牛奶。当菲利波家族将这家公司打造为希腊第一酸奶品牌之后，他们又进一步打入欧洲市场。科斯塔斯·马斯托拉斯是美国纽约市皇后区一家希腊食品店的老板，有一次，他在雅典采购时品尝到了这种酸奶，正是这次契机，让费奇酸奶的发展迎来重大突破。马斯托拉斯非常喜欢这款酸奶，他冒着违反海关规定的风险，将它带回了美国。这款酸奶在美国大受欢迎，马斯托拉斯开始在纽约销售希腊酸奶，费奇酸奶也成为首款被引入美国的希腊酸奶。

但是，并不是只有卡拉索家族和菲利波家族指望酸奶将会成为食品领域的大热门，另一家家族企业也在缔造属于自己的酸奶传奇。科伦坡家族来自亚美尼亚，他们带着悠久的酸奶制作历史来到了马萨诸塞州。最初，他们在自家车库里经营酸奶业务，实际上，他们此时主营的是牛奶生意，酸奶业务只能算作顺带的副业，因为他们用剩下的牛奶制作了“*matzoon*”（亚美尼亚人称其为“酸奶”）。科伦坡家族将酸奶标签上的姓氏简称为科伦坡，这样读起来更顺口。在美国经济大萧条前夕，他们通过马车沿街兜售酸奶。正如乔尔·丹克尔（Joel Denker）在其著作《餐盘上的世界》（*The World on a Plate*, 2003）中所说的那样，他们的顾客都是来自中东和希腊的移民，他们渴望吃到过去在家乡时每天都会做的酸奶，他们现在没有时间再像过去那样准备了。像达能一样，科伦坡家族也开始给酸奶加糖，到了20世纪60年代中期，他们又在酸奶杯底中加入水果，这种酸奶口感更适合美国人的口味。鲍勃·科伦坡是其中一位创始人的儿子，据他说，他现在满怀希望，消费者现在食用这款水果酸奶时，不会再像以往那样，只是“吃一口就吐出来”。这家酸奶企业一直由科伦坡家族自主经营，直到20世纪70年代，它才被美国通用磨坊食品公司（General Mills）收购。对于一家从车库起家的家族企业来说，这段经营历史相当长久而且声名显赫。

在酸奶商业化的历史进程中，优诺（Yoplait）可谓是后起之秀，这家法国公司成立于1965年，由法国6家乳制品合作社的一群奶农组建。公司名字来源于其中两个合作社Yola和Coplait的组合，公司logo是六叶形标志，这是对公司起源于乡村田园的一种致敬。1981年，优诺公司开始在北美声名鹊起，起初只是在西海岸销售，随后很快就遍布全美。媒体在谈论这个时髦的新品牌时，都采用了优诺的宣传标语："尝尝法国的益生菌。"优诺之所以能在市场竞争中占据优势，原因在于公司淘汰了常规容量为225克（8盎司）的罐子，转而开始使用容量为170克（6盎司）的塑料杯，公司的食品科学家认为，无论是从分量还是从包装来说，新尺寸都是最完美的。

优诺公司从法国空运来用冷冻干燥法保存的活性菌株，然后在美国密歇根州的工厂进行加工，由于这些菌株的酸度较低，所以最后用其酿造出的酸奶味道会更甜。与其他酸奶厂家相比，优诺最具特色的是其制备酸奶的方式。他们摒弃了“圣代”风味酸奶（水果杯底，酸奶较浓稠），转而制作“瑞士”风味酸奶（混合水果酸奶）。这种酸奶口感更加细腻，稠度更小，几乎和戚风冰激凌一样。自优诺公司推出这款酸奶以后，其他酸奶生产商也开始纷纷效仿，相继推出了瑞士风味酸奶和水果基底酸奶。如果说模仿是最真诚的赞美，想必优诺公司一定会为此而感到脸红。这是因为优诺和达能在加州开始争夺酸奶市场份额，美国各地的头条新闻将这次市场竞争称为“酸奶战争”。1980年，美国《洛杉矶时报》（*Los Angeles Times*）上刊载的一篇文章引用了加州恩西诺市一位超市库管员的话：“我知道，人们遇到危机时会感到恐慌，比如遇到地震、战争威胁时，他们会疯狂地囤积食物……但我就是不明白，他们为什么要囤积酸奶？”[3]

当优诺在法国建立酸奶品牌的时候，几乎在同一时间，雀巢公司在英国推出了一款名为Ski的瑞士风味

优诺以其极具辨识度的锥形塑料杯革新了酸奶的外包装形式。

酸奶。对英国酸奶市场来说，Ski是一款创新产品，因为它添加了真的水果，此外，添加糖也使得酸奶的味道更加香甜。据当时Ski的高级产品经理史蒂芬·罗格所说，这款酸奶“为英国消费者带来了一种从未有过的感官享受（无论是从口感、味道还是从质地来说，皆是如此）”。[4]

1972年，Ski的销量达到了惊人的1.5亿罐，占据了英国42%的酸奶市场份额。甚至在各大食品杂货店上架Ski酸奶之前，哈洛德（Harrods）、福南梅森（Fortnum & Mason）和塞尔福里奇（Selfridges）这三家大型百货公司就已经开始销售这款酸奶了。但是，很快便有两款酸奶向Ski的市场地位发起了挑战，它们分别是St Ivel公司和联合利华公司旗下的Prize与Cool Country。现如今，虽然这些品牌都不被视为英国酸奶市场上最畅销的品牌，但它们为后来的酸奶品牌开创了先河。穆勒（Müller）是吸引英国消费者的新一代酸奶公司之一。其创始人为西奥博尔德·穆勒

（Theobald Müller），他来自德国巴伐利亚的一个小镇。穆勒公司是德国最大的私人乳制品公司，1987年，这家酸奶公司开始在英国进行分销，并且一直稳居市场首位。英国似乎是一个适合创新产品、发展成熟的市场：在20世纪90年代末，养乐多（Yakult）和达能旗下的Actimel这两种益生菌饮料相继面向市场，这促使功能性食品真正成为那些对益生菌和健康食品感兴趣的英国消费者的首选。

在谈论影响酸奶行业的翘楚时，就不能不提到颠覆整个酸奶行业的土耳其库尔德人——哈麦迪·乌鲁卡亚（Hamdi Ulukaya）。2005年，他在美国创立了酸奶品牌乔巴尼（Chobani），这家酸奶公司在美国掀起了一阵希腊酸奶热潮。乌鲁卡亚成功的秘诀在于抓住了消费者的消费需求——渴望蛋白质丰富且低脂的酸奶。在不到5年的时间里，这家位于纽约州北部的酸奶公司的销售额便已位居市场第一，在它的带动下，希腊酸奶的市场份额也从2007年的1%跃升到了2013年的50%以上。

21世纪酸奶行业的颠覆者——乔巴尼酸奶。

就像多年以前家乡的牧民一样，乌鲁卡亚的创业机遇也可以说是偶然的。有一次，他在纽约州北部看到了一则出售废弃酸奶工厂的广告，这家工厂恰好就在菲达奶酪的生产工厂附近，这是他父亲最喜欢的奶酪。他原本并没有生产希腊酸奶的想法，只是偶然发现了这个机会并且抓住了它。他从自己的家乡请来了一位酸奶大师帮忙，在尝试了多种酸奶菌株的搭配组合后，他们终于成功开发出了具有品牌特色的希腊酸奶。乌鲁卡亚没有因袭传统，他通过充满创造性的商业实践将自己的酸奶品牌成功推向市场，比如免费给杂货商提供酸奶样品，而不是按照惯例向其收取进货费。他通过免费提供样品的方式将这款酸奶推向了大众消费者，并利用社交媒体营造了极大的声势。不久之后，乔巴尼便成为美国家喻户晓的酸奶品牌，它在美国的销售额也超过了费奇酸奶。至此，希腊酸奶大战正式打响，乳制品货架上的产品种类也完全不同以往了。乔巴尼和费奇展开了市场争夺战，看谁能在自家的酸奶品牌中使用“希腊”一词作为商标。从某种程度上来说，费奇赢得了这场胜利，因为其可以在英国市场以“正宗希腊酸奶”的名义进行销售，他们认为这样听起来更像天然食品，而乔巴尼酸奶则需要在包装上注明“过滤”字样，这使其听起来更像加工食品。然而，乔巴尼在美国市场则保留了“希腊”字样。在这场酸奶战争中，希腊才是真正的输家，因为它犯了一个重大失误——没有把“希腊”一词注册为商标。

在美国市场，很有趣的一点是，许多酸奶公司都在纽约州设有工厂，而在纽约州工厂生产的希腊酸奶，其数量甚至比希腊本土还多。纽约州的酸奶文化可谓根深蒂固，以至于在2014年，州长安德鲁·科莫将酸奶指定为纽约州的官方零食。

酸奶行业守则

进入21世纪后，酸奶这种历经近万年发展的食品终于取得了真正的商业成功，为了满足消费者的需求，还发明了制备酸奶的生产设施。酸奶的加工流程是非常标准化的，虽然有些小批量制作或手工品牌可能会对加工流程做些微调，但大多数酸奶生产商采用的都是同一种加工流程，即梅契尼科夫于1905年在其出版的小册子中所描述的那样。如果你感兴趣的话，可以试着拿100年前的酸奶配方与当下的标准配方进行比较，你会发现，二者几乎没有什么差别。虽然语言在不断更新，设备也越来越先进，但所有以牛奶为原材料的商业酸奶生产，其步骤基本上是相同的。首先要明白一点，制作酸奶必定要用到牛奶，不管你选择的是全脂牛奶、低脂牛奶还是脱脂牛奶。为了提高牛奶中乳固体的含量及稠度，可以添加脱脂奶粉或乳清粉；为了增加牛奶中的乳脂，有时还会加入奶油。对牛奶进行巴氏灭菌和均质化处理之后，要先冷却一段时间，然后在牛奶中加入酸奶发酵剂。在美国市场销售的酸奶，生产时必须加入嗜热链球菌和保加利亚乳杆菌。就像花生酱和果酱一样，这两种益生菌在酸奶发酵过程中也具有互补作用。

对于凝固型酸奶，会在这个阶段将水果加入杯中，然后在酸奶发酵之前将其放在水果基底上。瑞士风味酸奶的水果则是在最后添加的。所有制作过程温度都需要控制在40℃—46℃，孵化培养时间为4—7小时。温度过高会杀死酸奶发酵剂，温度过低又无法维持生长。孵化完成之后，当pH值为4.6时，酸奶就制作完成了。如果为了更加健康，可以用巴氏灭菌法对酸奶进行二次杀菌，也可以再往里添加其他益生菌菌株。最后一步是给产品外包装加上生产日期。酸奶在发酵以后，确实可以延长保质期，但最好在购买后7—21天内饮用。低温（冷藏）酸奶的保质期稍短，常温（非冷藏）酸奶的保质期相对更长。酸奶一旦开封，其营养价值便会下降，所以，要想获得最佳的益生菌效果，消费者应该开怀畅“饮”，尽快将其吃完。

但是，如果每家公司都按照完全相同的工序生产酸奶，那么，酸奶A和酸奶B又有何区别呢？我在与达能北美公司对外交流高级总监迈克尔·纽沃斯交谈时，他解释道："酸奶的制作不仅是科学，还是艺术。"酸奶中存在大量的菌株，每种菌株都有其特殊作用，正是在它们的综合作用下，酸奶的味道和口感才会独一无二。为了达到各菌株的完美平衡，生产商们都在努力研发具有特色菌株的专属产品。可以说，酸奶有无限多的组合方式。例如，达能在巴黎郊外有一处"菌种库"，里面收藏有300多种活性菌株，它们都属于嗜热链球菌和保加利亚乳杆菌的亚种。食品科学家对这些菌株进行了自由组合，力求达到一种独特的平衡。因此，虽然制作酸奶的工序都一样，但菌株有无数种组合方式，正因如此，今天才会有多种口味的酸奶供我们选择。

有了食品生产，必然就会有食品监管，既然如此，就需要为酸奶的商业化生产制定必要的行业标准。在美国，由食品药品监督管理局负责对这些标准进行监管。美国食品药品监督管理局《联邦法规》第21篇第1章B部分第131款第200条法规，对何为酸奶进行了定义，并对酸奶生产中配料和添加剂的使用规范做了说明。简而言之，酸奶中必须含有嗜热链球菌和保加利亚乳杆菌。酸奶中至少要含有8.25%的乳固体。全脂酸奶的乳脂含量不得低于3.25%，低脂酸奶的乳脂含量不得高于2%，脱脂酸奶的乳脂含量不得高于0.5%。酸奶的（乳酸）酸度不能低于0.9%。酸奶中可以添加维生素、甜味剂、食品添加剂、增味剂、色素添加剂和诸如果胶、明胶、黄原胶之类的稳定剂。酸奶的外包装上必须标明以上添加剂，还要再加上产品已经过“均质化处理”和“发酵后热处理”等术语。此外，产品外包装上还必须标明酸奶中的微生物种类及其数量。这种标记法通常以菌落形成单位（CFUS）的字样出现，这有助于消费者了解酸奶中实际有多少活性益生菌。

在美国，由国际乳制品协会颁发的“活性菌认证”（LAC）标志是产品质量的一个视觉保证，它表明酸奶产品中含有大量的活性益生菌。如果没有这一标志，可以看看外包装上是否有“10^8”等字样，这表示每克酸奶中的乳酸菌数量不少于1亿个。为了提高益生菌的含量，还可以向酸奶中添加其他益生菌，如嗜酸乳杆菌、干酪乳杆菌和双歧杆菌。上述这些信息都可以在产品外包装上找到，所以，下次购买酸奶时要记得仔细查看。

为了在食品标准和安全实践方面达成国际共识，并确保食品贸易的公平，国际上成立了一个名为“食品法典委员会”（Codex Alimentarius）的国际机构。这一机构隶属于世界卫生组织和联合国粮食及农业组织，共有189个成员（188个成员国和1个成员国组织——欧盟），其中包括美国、英国、欧盟的一些国家，以及大多数工业化国家。食品法典委员会制定的食品准则符合自愿性原则，各国可结合本国实际情况自行决定如何对这些准则进行解释、监管和执行。酸奶是食品法典所涉及的食品之一，它也有一套准则（国际食品法典标准243-2003），这套准则规定了酸奶的解释权（酸奶是什么）。这套基本准则与美国食品药品监督管理局制定的准则相同，但每个国家都有自己的特色。以加拿大为例，它们没有美国那样的联邦标准，依据的是《国家乳制品规范》（National Dairy Code）。它的内容与国际食品法典基本上一致，即酸奶必须含有嗜热链球菌和保加利亚乳杆菌才能称为酸奶，此外，几乎没有其他规定。在英国，只要使用了这两种常用益生菌中的一种，就可以称为酸奶，而日本和芬兰等地则没有对乳制品或其应有成分作任何规定。

当然，正如人们所期望的那样，保加利亚在其《乳制品条例》（Dairy Products Ordinance）中对乳制品作出了明确规定，并对其做了三种区分。酸牛奶（sour milk），即我们平时所说的传统保加利亚酸奶，必须用嗜热链球菌和保加利亚乳杆菌来发酵；酸奶

（yoghurt），除了嗜热链球菌和保加利亚乳杆菌，发酵时还会再额外添加乳酸；“乳酸产品”（lactic acid products），虽然含有嗜热链球菌、保加利亚乳杆菌和额外的乳酸，但其微生物菌群数量低于酸奶发酵所需的标准。

就发酵饮料的监管来说，如添加了嗜酸乳杆菌的牛奶、开菲尔（*kefir*）和马奶酒（*kumys*）等，这些产品中的发酵乳含量不得低于40%，只有满足这一要求，才允许将它们标注为发酵产品。

2015年，欧盟委员会裁定，植物基酸奶不能被称为“酸奶”，他们认为这会误导消费者对于酸奶的认识。目前，美国食品药品监督管理局正在处理这个问题。此外，针对酸奶生产商对外宣传的健康功效，各个国家的处理方式也不尽相同。在美国，食品药品监督管理局对酸奶的健康功效进行了严格监管，只有少数几种健康功效被允许用作产品宣传。所以，厂家不能对外宣传酸奶产品能抑制体重增长，但可以宣传喝酸奶有助于保持身材。2012年，欧洲食品安全局（European Food Safety Authority）裁定，不允许厂家对益生菌和酸奶的健康功效进行宣传，它驳回了74家酸奶公司的宣传申请，尽管这些公司有科学依据来支持其健康声明。国际食品法典中还有一个有趣的规定，“酸奶一词的拼写可以根据销售国家的惯例而定”。因此，在这本书中，酸奶一词写为“yoghurt”，美国则写作“yogurt”，还有些地方拼写为“yoghourt”。有趣的是，随着拼写的现代化和规范化，许多国家正在倾向于去掉词汇中的字母“h”，但传统主义者则更愿意保留它。由此看来，在未来一段时间内，酸奶的管理准则还会不断演变。

June Hersh

Yoghurt

A GLOBAL HISTORY

5

文化冲击

在超市里逛乳制品或冷冻食品货架时，总会看到一系列令人眼花缭乱的酸奶产品。以前酸奶品牌有限，只能提供有限的几种选择，如水果基底酸奶、瑞士风味酸奶和简单的原味酸奶，但现如今，酸奶市场已经发生了巨大的变化。本章将为你提供一份小贴士，以帮助你在琳琅满目的货架上选择适合自己的酸奶产品。

不管选择什么类型的酸奶，最重要的一点是，要看酸奶中是否含有活性菌。所有商业生产的酸奶都必须在外包装上清楚地标明这一字样。正如我们所了解的那样，酸奶中所含成分并不都是一样的：有些酸奶可能还额外添加了益生菌和维生素，以及多余的添加剂和过多的糖。在挑选酸奶时，酸奶的包装尺寸也很重要，单份酸奶最常见的包装规格是150克，但也有170克和225克的，所以要确保你看到的是类似的包装规格。阅读酸奶成分表时，最先列出的成分在产品中最重要，因此，挑选乳制品酸奶时，应确保排在配料表第一位的是发酵乳；对于植物基酸奶，排在首位的则应是代乳品。大多数酸奶也会标明脂肪总量（饱和脂肪和不饱和脂肪）以及胆固醇、钠、钾、碳水化合物、膳食纤维、糖和蛋白质含量。有时候，产品中没有什么成分反而会比有什么成分更为重要，因此，要注意产品包装上是否标明不含人工香料、防腐剂、额外的填充剂、淀粉、增稠剂或糖等。清洁标签意味着产品中的成分最少，随着这一趋势的发展，酸奶生产商们开始注意并努力减少添加剂。

希腊酸奶进入市场以后，很快便崭露头角，改变了酸奶市场的格局。这种“新”产品之所以如此独特和吸引消费者，是因为它具有天然的酸味和浓稠的口感，商家还将其吹捧为传统酸奶的替代品，说它比传统酸奶更为健康。公众对此趋之若鹜。为区别于传统

在这家纽约超市里，酸奶货架比放置其他商品的货架都要长。

酸奶，希腊酸奶的生产商不仅决定用更矮、更宽的酸奶包装盒，还在包装上添加了“蛋白质含量”的字样。每份希腊酸奶的蛋白质含量约为17克（½盎司，与2—3盎司瘦肉所含蛋白质相当），而普通酸奶的蛋白质含量约为9克（⅓盎司），可以说，希腊酸奶宛如一座蛋白质“供电站”。通过滤去乳清，希腊酸奶中的碳水化合物减少了50%，乳糖含量也有所下降。

如果你想控制钠元素的摄入量，希腊酸奶也是这方面的优胜者，其钠含量约为普通酸奶的一半。除了其他优点，希腊酸奶在食谱中还具有很好的互换性。举例来说，在制作咸味蘸酱时，它是酸奶油的绝佳替代品；用文火加热时不会发生凝结；制作鸡蛋或土豆沙拉等菜肴时，可以用它来替代蛋黄酱；在烘焙食品中，它还可以作为传统油脂的良好替代品。当食谱中需要用到酸奶时，如果用希腊酸奶来代替普通酸奶，会使食物的口感更加浓郁。当然，这并不意味着希腊酸奶就是十全十美的。和普通酸奶相比，希腊酸奶中

在过滤过程中，乳清被释放的特写镜头。

的脂肪含量更高，钾元素和钙元素的含量则较低。此外，在挑选希腊酸奶时，还要注意那些通过添加增稠剂（如玉米淀粉、乳蛋白浓缩物）来达到堪比希腊酸奶质地的假冒伪劣产品。

在逛乳制品区时，除了希腊酸奶，还有诸多好的选择，因为还有不少出色的酸奶品牌与之同属“最佳发酵好友”（Best Fermented Friends）。现在，冰岛风味的酸奶在全球市场上都有销售，它可能是最接近希腊酸奶的产品，因为它也采用了过滤工艺，蛋白质含量也很高，但相比于希腊酸奶，冰岛酸奶的口感更为柔滑细腻，脂肪含量更低。*Skyr*是北欧地区的一种传统酸奶，最早可以追溯到维京时代。北欧人学会了操纵细菌菌株、发酵脱脂牛奶以及延长牛奶保质期的方法。毕竟，维京人的航海旅程往往相当漫长。在美国市场，冰岛酸奶的销售量飞速飙升，它也渴望像希腊酸奶那样，颠覆整个酸奶市场。

如果你追求奢华的滑腻口感，你可以声称自己遵

在超市的酸奶货架上，冰岛风味的*Skyr*酸奶占据了很大一部分空间。

循医生的建议，食用全脂酸奶或添加了三倍奶油的酸奶。2018年发布的一项研究在美国引起了轰动，该研究涉及近3000名美国成年人，研究了高脂乳制品与冠状动脉血管疾病之间的关系。研究指出，高脂乳制品中的一些成分可能对我们的心脏有保护作用，还有助于促进新陈代谢，使肥胖率下降8%。[1]

Peak Yogurt等酸奶品牌正是利用了这一研究成果，遵循低碳、高脂的生酮饮食理念。在与Peak Yogurt品牌创始人埃文·西姆斯交谈时，他简单地为他的高脂食品辩护说："生酮饮食已经成为一种饮食运动……乳脂是乳制品中营养价值最高的部分，（它）含有各种重要的脂溶性营养素。"Siggi's是有名的冰岛酸奶品牌之一，西吉·希尔马森是这一品牌的创始人，他是自己公司三倍奶油产品的忠实爱好者。在童年回忆中，他每次吃酸奶时都会在上面淋上大量健康奶油。Siggi's推出的这款三重乳脂酸奶——*rjoma*，就是在向他最爱的童年回忆致敬。

澳大利亚酸奶是另一种具有独特风味和质地的产品。这种酸奶通常被视作一种诱人的食品，它属于全脂酸奶，并以此作为卖点。Noosa和Wallaby这两个品牌是澳大利亚酸奶中的佼佼者，它们都具有奶油般的质地，其蛋白质含量高于传统酸奶，但低于冰岛酸奶和希腊酸奶。有人认为，澳大利亚酸奶让乳制品市场重现颓势，它推翻了酸奶作为减肥食品在消费者心中的形象。总的来说，澳大利亚酸奶风味浓郁、口感醇厚，可谓是绝佳的甜点选择，其销量正在飞速增长。

法式酸奶的玻璃罐非常可爱，它毫不掩饰地展示出其魅力，用方格布盖或精致的蝴蝶结来装饰酸奶罐。当然，这种酸奶的品牌名字也带有法式风格，如“Oui by Yoplait”。法式酸奶通常是在乳制品箱的罐子里培养出来的，因此，它并未经过过滤工序，其含糖量也往往比其他种类的风味酸奶更高。如果你想体验正宗的法式酸奶的话，不妨一试。

替代牛奶的新奶源

牛奶是最常见的一种奶源，它的替代品多种多样，从某种程度上来说，你生活居住的地方，最终决定了你购买的酸奶所用的奶源。在众多奶源中，有一种奶源很难找到——除非你是贝都因人——那就是骆驼奶。与牛奶相比，骆驼奶富含铁元素和维生素C，其脂肪总量和饱和脂肪含量都比较低，蛋白质含量相对较高。相比于用骆驼奶制成的酸奶，用水牛奶制成的酸奶更容易在市场上获得。这种酸奶产品和希腊酸奶一样浓稠，但味道较淡，也无须过滤。位于美国纽约州的伊萨卡乳业公司（Ithaca Milk）就是用水牛奶来制作酸奶。这家公司宣称这种酸奶是他们能够制作的“最为天然的酸奶”。水牛酸奶“蛋白质含量较高，饱和脂肪含量较低……无须过滤即可自然制作出类似希腊酸奶的浓稠酸奶……其成品是零浪费、100%纯天然、质地浓稠的酸奶，吃起来口感顺滑，不酸，酸度要

用水牛奶制作而成的酸奶，有一种独特的奶油香味，味道类似于同样用水牛奶制作的布拉塔奶酪。

低于希腊酸奶”。[2]2013年，英敏特（Mintel，一家全球市场调研公司）注意到，当时市面上只有两家公司在生产水牛酸奶。截至2017年，生产水牛酸奶的公司数量达到了11家。其中，智利、罗马尼亚和土耳其在生产方面处于领先地位。加拿大魁北克现在是一群水牛的家园，这些水牛是从意大利的拉齐奥地区引进到北美的。用这些水牛奶源生产的酸奶，其味道与莫扎里拉水牛奶酪（buffalo mozzarella）一模一样，奶香浓郁、口感顺滑，正是这两点使得莫扎里拉水牛奶酪成为一道美味佳肴。印度和亚洲部分地区的消费者已经接受了水牛奶，并将其视为受欢迎的牛奶替代品之一。

如果水牛奶不合你的口味，你也可以试试山羊奶。山羊奶具有柠檬味、山羊味和刺激性味的混合味道，这种奶易于消化，对牛奶过敏者来说，山羊奶是一种热门选择。山羊奶脂肪含量低，富含钙、钾、镁等微量元素，还有大量维生素A以及大量有益健康的短链脂肪酸和中链脂肪酸。山羊奶中的蛋白质比牛奶更容

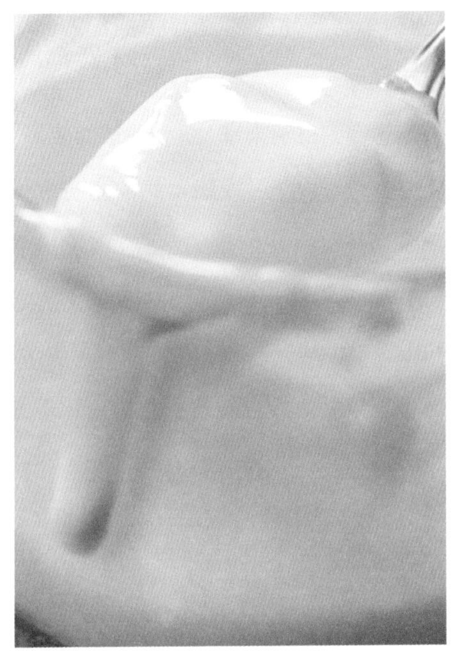

用山羊奶制成的酸奶有一种独特的香味，其稠度略高于用牛奶制成的酸奶。

易消化，但山羊奶容易变稀，因此，通常需要加入添加剂来增加其稠度。

如果你想喝到口感丰富、奶香浓郁的酸奶，那么，你可能会选择绵羊奶，因为绵羊奶的脂肪含量比牛奶更高——而且还是有益健康的脂肪。绵羊奶中的共轭亚油酸（据称，这种物质有减肥和抗癌的功效）含量高于牛奶和山羊奶，其钙元素、铁元素、维生素B_{12}含量也比牛奶高，其叶酸及铁元素含量高于山羊奶。老查塔姆（Old Chatham Creamery）和百维滋（Bellwether Farms）等大型酸奶生产商正在打入美国市场，此外，当地还有一些小规模手工农场，如澳大利亚的佩科拉（Pecora）和英国的伍德兰兹（Woodlands），它们也在生产销售优质的奶制品。法国在研发牛奶替代奶源方面领先于其他国家，相继推出了山羊奶和绵羊奶制品。雀巢-兰特黎斯（Nestlé Lactalis）乳业推出了自己的绵羊奶酸奶品牌——Lou Pérac，他们相信这款产品将会受到法国消费者的喜爱。只要能找到绵羊群出没的地

在美国田纳西州黑莓农场的田野上，绵羊们正在吃草漫步，农场用它们的奶来制作店里的招牌甜酸奶。

区，就一定能找到当地生产的绵羊奶酸奶。

植物基酸奶是酸奶界的新星，其销量的年增长率为55%，预计在未来10年内，植物基酸奶的销售额将达到120亿美元。2020年2月，道琼斯公司旗下的《市场观察》（*Market Watch*）杂志在报道中称，预计到2025年，作为酸奶市场的细分领域，植物基酸奶的年复合增长率将达到惊人的13%。许多消费者（尤其是“千禧一代”），由于饮食观念的变化，这一人群正在分化为纯素食主义者（不食用任何动物或动物衍生品）、自由素食主义者（一种较为宽松的素食主义）和“少食主义者”（类似于自由素食主义，其理念为“少即是多”）。“千禧一代”有了自己的话语权，尤其是“千禧妈妈”这个子群体，她们走出家庭，主要在外工作，并注重为孩子提供快捷、营养和健康的食物。老年人也加入了素食潮流，他们正在寻找具有益生菌功效、能够增强骨密度、摄入热量低的非乳制品。这两代人在乳制品货架上找到了共同点，他们的需求改变了酸奶市场的格局。

顾名思义，植物基酸奶和非乳制品酸奶是以植物、坚果、豆类、种子和谷物为原料制成的，它们不含任何乳制品，但含有这些配料的全部营养物质。大豆酸奶是最早出现的植物基酸奶，它能被消费者接受是有充分的理由的。大豆的特点是特别有利于碳水化合物的消化，所以在食用后，人体内血糖波动的幅度不大。大豆作为一种完全蛋白质，含有人体必需的九种氨基酸，所以，对于那些不想食用乳制品的人来说，它是一个很好的选择。大豆现已被证实具有一些有益于人体的特性，如有助于降低对人体有害的低密度脂蛋白——也被称为“坏胆固醇”；同时能增加对人体有益的高密度脂蛋白——也被称为“好胆固醇”。大豆（中的异黄酮）可以在人体内模拟雌激素的作用，雌激素水平偏高可能会诱发乳腺癌，所以，对于那些担心雌激素相关风险的人来说，食用大豆酸奶一直都存在争议。当然，关于这一点目前还没有定论，研究人员正在进行大量的研究以充分探讨这些联系。

坚果酸奶，如杏仁酸奶、椰子酸奶和腰果酸奶等，正在取代大豆酸奶成为消费者的首选植物基酸奶。坚果酸奶是对坚果进行研磨后，将其与水混合，然后再用细菌发酵制成的，因此，坚果酸奶具有坚果本身的所有优点。目前，杏仁酸奶占据了植物基酸奶销售市场的半壁江山，其纤维含量明显高于其他植物基酸奶。纤维是一种益生元，它可以滋养益生菌，所以，这是一个对消费者相当有吸引力的优势。杏仁酸奶中含有有益于心脏健康的脂肪、大量可充饥的蛋白质、维生素E、锰元素、镁元素，还含有少量的维生素B_{12}和磷元素。这些营养成分表明，对那些想要解决胆固醇、血压和体重问题的消费者来说，杏仁酸奶是一个理想选择。杏仁酸奶在许多方面都要优于腰果酸奶，但腰果酸奶富含铁、锌等微量元素，这些元素可以益智健脑，因此腰果酸奶也被有些人称为“脑力促进剂”。在所有植物基酸奶中，椰子酸奶凭借其独特的“椰香”甜味，销售量迅速上升，2016年增长了20%，

完美的非乳制品零食——杏仁酸奶，上面撒有椰子、核桃以及少量蜂蜜。

而前一年的增幅为40%。椰子酸奶是榨取椰子的白色果肉后，再与水混合制成的。椰子酸奶中富含椰子脂肪。一段时间以来，椰子脂肪一直是人们关注的焦点，因为它被认为是一种健康的中链脂肪，研究人员认为，它可以提高人体内“好胆固醇”的含量，降低“坏胆固醇”的含量，同时还能促进减肥。然而，虽然它在优质脂肪方面颇具优势，但缺少优质蛋白。

相比于传统乳制品酸奶，植物基酸奶在口味、口感和营养价值这三个方面都面临着固有的挑战，为了提升这三者价值，需要在植物基酸奶中加入添加剂。尼基·布里格斯（Nicki Briggs）是植物基食品品牌Lavva的首席营销官，她在接受采访时解释道：“（所谓植物基产品）从本质上来说，就是人们使用植物原料，然后往里添加一堆糖、胶质和稳定剂，从而使得产品可以食用。”[3]当然，Lavva指出这不是他们采用的制作方法，但这的确是植物基产品市场的常态做法。植物基酸奶通常会添加钙元素和维生素D来弥补自身的不足，正

椰子酸奶是受欢迎的植物基酸奶之一。图中的椰子酸奶装在掏空的椰壳中，上面撒有石榴籽、香蕉片和奇亚籽。

如美国营养与饮食学会的一位发言人所指出的那样，其钙元素的生物利用率（实际被人体所吸收的钙元素含量）无法与牛奶相媲美。此外，植物基酸奶还必须克服糖类添加剂这一障碍。植物基酸奶中的糖几乎都是人工添加的，即使是被标为天然代糖的龙舌兰糖浆或蜂蜜等，其代谢方式也不同于食物中天然存在的糖。营养学家瑞秋·法恩（Rachel Fine）告诫大家要避免使用人工甜味剂，包括像甜菊糖这样的天然甜味剂，她建议大家坚持选用具有悠长历史使用记录的天然产品，比如蔗糖。最后一点也很重要，为了获得合适的口感，植物基酸奶通常会添加乳化剂和稳定剂，如瓜尔豆胶和果胶——虽然这两者都是天然存在的增稠剂，但钚元素也是天然存在的，而你肯定不想摄入钚元素。大多数植物基酸奶并不能像乳制品酸奶那样，真正符合清洁标签的标准；然而，植物基酸奶的许多优点往往能弥补其不足之处。法恩在她的书中给植物基酸奶的评价等级为“B”。她强调道，如果你能耐受乳制品，

“最好还是选择标准酸奶”。话虽如此，但市面上主要的酸奶生产商们都在抓住植物基酸奶快速发展的这一趋势，他们寄希望于植物基酸奶，希望它能够像10年前的希腊酸奶那样，继续颠覆整个酸奶行业。数据不会撒谎：随着越来越多的消费者选择远离动物食品，2018年，素食酸奶的销量增加了3万吨，预计到2027年，素食酸奶的全球销售额将达到74亿美元。[4]

影响乳制品市场发展趋势的另一因素是消费者对奶源原产地及本地产品的需求。有些人称之为“从牧场到餐桌”，购买酸奶的消费者希望能够了解自己所购买产品背后的历史，充分利用大自然赋予我们的一切。他们努力减少碳足迹，寻找可持续资源，尽可能地减少浪费。酸奶这种食品就符合可持续食品认定的四个标准：环保、营养价值高、价格实惠、在文化上可被消费者接受。

反糖战争正式打响，其影响尤其体现在儿童酸奶品类上。多年以来，凭借惹人喜爱的小动物外包装，

超市货架上的儿童酸奶品类琳琅满目。购买时请仔细阅读产品标签，做出最适合的选择。

儿童酸奶伪装成健康食品，潜移默化地影响着家长的购买习惯。最近的研究指出，所有儿童酸奶中都含有极高的糖分，生产商们也正在努力将这些含糖食品销售给儿童。在英国，一场名为“远离高糖，拯救儿童”的饮食运动蔚然成风，世界卫生组织和美国儿科学会（American Academy of Pediatrics）等许多组织都对儿童过量摄入糖分的危害发出过警告。2019年2月，英敏特公司网站上发布了一篇文章，食品行业高级创新分析师阿姆林·沃尔吉指出，“英国（酸奶）市场希望到2020年能将糖的消费量减少20%”。在全球范围内，其他国家的酸奶市场也表达了类似的减糖目标，比如德国。德国的Nur酸奶（德语意为“唯一”）中，含有75%的有机酸奶和25%的有机水果，此外，再没有其他成分。作为对这一饮食运动的响应，2018年，乔巴尼酸奶和达能北美公司推出了专门解决“糖含量过高”问题的新产品。据统计，家长们愿意多花高达50%的费用购买不含防腐剂和添加剂、含糖量更低的酸奶产品（如“挤压式”儿童酸奶和酸奶溶豆等)。这也激励着酸奶生产商们努力去开发新的低糖或无糖产品。

小众的冻酸奶

当你转过超市里的几条过道，来到琳琅满目的冻酸奶(frozen yoghurt)区时，可能需要一件毛衣来御寒，还需要一本冻酸奶手册供参考。当时，众多消费者开始关注自己的身体健康，这种甜点率先在美国亮相，吃冻酸奶的想法非常吸引人。然而，它并没有立即受到消费者的热捧。据消费者反馈，冻酸奶酸酸的味道让人难以接受，还有人声称它的味道太像酸奶了。然而，达能和胡德股份有限公司(HP Hood LLC)等冻酸奶领域参与者开始往产品中添加水果和香精，从而使其更加可口。你可能还记得，达能旗下品牌丹尼(Danny)曾推出带有浓郁巧克力涂层的冻酸奶，胡德公司也推出过模仿冰激凌口味和质地的冻酸奶。

冻酸奶的制作方法和冰激凌很相似，都是通过向混合物中注入空气来增加体积，同时添加水来制造我们所熟悉的冻酸奶的冰晶。其实，我们很难说冻酸奶是健康食品，因为产品主要成分为牛奶、乳制品、糖、稳定剂和乳化剂，而专有细菌（proprietary bacteria）占比不到1%。根据奶基的不同，冻酸奶的乳脂含量可以低至0.5%，也可以高达6%。正是乳脂让酸奶具有了基础的口感和奶油味。冻酸奶中可以添加几种类型的糖：蔗糖、玉米糖浆，甚至是甜菜糖和糖替代品。这样做不仅能增加甜味，还能使酸奶更加浓稠。添加稳定剂可以防止大量结晶和过度融化，还可以添加乳化剂，二者用量都要很少。冻酸奶中可能含有鸡蛋固形物、盐、蛋白质衍生物和增味剂（如水果提取物、巧克力、坚果等），有的甚至还添加了茶、姜等。如果你想控制热量或避免摄入某些成分，那么，冻酸奶可谓是不错的冰激凌替代品。需要注意的是，由于在产品成分和包装标签方面，冻酸奶不会像新鲜酸奶那样受到

与传统的冷藏酸奶一样，冻酸奶也非常适合与新鲜水果、美味添加剂等进行创意组合，搭配食用。

严格的审查，所以，吃冻酸奶是为了尽情享受其美味，而不是为了它的营养价值。

说到冷冻食品，就不能不提到我们人类最好的朋友——狗狗。目前，市面上有几家酸奶生产商正在为狗狗制作冻酸奶零食。梅格·汉斯福德·迈尔（Meg Hanceford Meyer）就是这样的一位生产商，她指出了这种新趋势背后的一些原因。这一商业行为的前提是，在炎热的天气里，给狗狗吃冷冻零食可以为其补充水分，同时也能为狗狗的饮食增加营养。既然冻酸奶对我们的消化系统健康有益，为什么对宠物就没有益处呢？许多超市将这些宠物友好型冷冻甜点放在与人类产品相邻的位置，因此，当你从冰箱里拿出这些食品时，请确保你拿的是宠物型冻酸奶。

柜台文化

在谈论冻酸奶之前，我们必须深入了解一下柜台

专为宠物研发的冻酸奶。

文化——也就是本地酸奶店的柜台。20世纪70年代出现了迪斯科、8音轨播放器和冻酸奶。然而，与其他两种风靡一时的风尚不同，冻酸奶是唯一一种依然强劲的潮流。冻酸奶在美国尤为流行，现如今，在全球各地的本地商店中都能找到它的身影。虽然这些冻酸奶店铺正在全球范围内兴起，但美国仍占据全球软质冻酸奶销售总量的85%。20世纪80年代，冻酸奶正处于发展的鼎盛时期，它在美国的销售额取得了三位数的增长，总销售额达到2500万美元（按通货膨胀率进行调整后，大概相当于现在的5400万美元）。冻酸奶的销售一直保持稳定，在21世纪第一个10年的中期，约翰·韦德尔（John Wudel）开发了活性益生菌菌粉，将软质冰激凌的概念推向了全球市场，冻酸奶的全球销量也随之大幅增长。如今，仅在美国国内，冻酸奶产业的市值就已达20亿美元。

酸味冻酸奶（tart frozen yoghurt）的流行是一个很奇怪的现象，因为它背离了消费者喜欢的传统冻酸奶的口味。红芒果冰品店（Red Mango）便是体现这一变化趋势的一个很好的例子，其创始人是出生于韩国首尔的丹尼尔·金（Dan Kim）。黄雪莉（Shelly Hwang）和她的合作伙伴李扬（Young Lee）也抓住了这一热潮，创办了粉红莓冰品店（Pinkberry）。与20世纪90年代中期优诺和达能在美国西海岸展开的“酸奶大战”一样，最近，红芒果和粉红莓也展开了新的文化冲突。这些冷冻甜点公司利用“千禧一代”对健康、新鲜食品的喜爱，推出了几款具有新风味的冻酸奶，每款冻酸奶还可以搭配不同的辅料食用。

这些连锁店开始遍地开花，并逐渐让位于以自助售卖机为特色的冻酸奶店。这些店开始按重量销售产品，而不是像以前那样按份销售，如果你走进一家这样的店，你会震惊于冻酸奶口味、配料的可选择范围是如此之广。“少即是多”并不是这些店的座右铭，实际上，它们的数量约占美国冻酸奶店总数的69%。你可以把这些店想象成酸奶的“午夜自助餐厅”。

虽然自助冻酸奶店在美国随处可见，但大多数欧洲国家仍然保留着前台点餐的传统门面店，而且可选择的冻酸奶种类也有限。国际冻酸奶协会（International Frozen Yogurt Association）是冻酸奶信息的宝库，也是这种全球视角的来源。让我们从一种不寻常的产品开始，印度尼西亚的Sour Sally是首家将冻酸奶引入这个国家的冻酸奶公司。Sour Sally推出的冻酸奶Black Sakura添加了活性炭，据说这款冻酸奶富含抗氧化剂。Sour Sally还声称它能排出体内毒素。当然，这一点目前还没有定论。2010年，希腊第一家冻酸奶店Froyo在雅典开业，这家店在当地掀起了一阵冻酸奶热潮，现如今，Chillbox Frozen Yogurt已成为希腊最受欢迎的冻酸奶店。这家店的冻酸奶具有希腊本土酸奶——*straggisto*的特色。意大利也有自己的冻酸奶品牌——优古利诺（Yogorino），第一家店开业于1993年，现在，优古利诺仅在意大利就拥有100多家分店，在五大洲的20多个国家都能找到它的身影。

意大利的冻酸奶明显是仿照意式冰激凌制作的，具有可与冰激凌相媲美的奶油香味。如果你在墨西哥想吃冻酸奶，可以找找Nutrisa这家酸奶冰激凌店，它总共开设了480家门店。如果你既想保持身材，又想享用这种冷冻甜点，可以选择西班牙的品牌又优（llaollao），它旗下有100家门店，其制作的冻酸奶使用的是公司专有的脱脂牛奶“llao milk”。澳大利亚是冻酸奶销售量排名前十的国家之一，这一切都始于2007年首次创立的澳大利亚冻酸奶品牌——Wow Cow。现如今，Yogurt Shop、Yogurtland和优格特（Yo-get-it Frozen Yogurt）这三家品牌也开始在澳大利亚销售冻酸奶。

苏珊·林顿（Susan Linton）推动了国际冻酸奶协会的成立，据她所言，冻酸奶店的数量在全球范围内迅速增长，其中，中东地区成为人均消费最高的地区。美国将每年的2月6日定为全美冻酸奶日（National Frozen Yoghurt Day），这是一个非官方节日，国际冻酸奶协会是这一节日的推动者，但为了庆祝冻酸奶

从健康水果到含糖零食，冻酸奶店为消费者提供了所有能想到的配料组合，为本就美味的软质冻酸奶锦上添花。

在全球范围内的流行，他们正在努力使其成为一个国际性节日——国际冻酸奶日（International Frozen Yoghurt Day）。他们希望这一节日能在全球范围内流行起来，特别是在那些喜欢冻酸奶的国家。虽然美国在冻酸奶市场上占据绝对领先地位，但欧洲市场显示出最大的增长潜力，经过科学预测，欧洲冻酸奶的销量将以每年约3.4%的速度增长，这一增长率将一直保持到2024年。加拿大、希腊、巴西、意大利、马来西亚、西班牙、菲律宾和墨西哥也正在努力追赶美国。

要想保持领先地位，就要密切关注能够引起美国冻酸奶行业轰动的下一款产品。举个例子，Reis & Irvy's是美国的一个冻酸奶品牌，在它们的店内，你可以通过人工智能（AI）来购买冻酸奶。利用先进的技术，消费者可以在店内的机器人自动售货机上，通过操作互动触摸屏来选择自己想要的口味和配料，然后在不到60秒的时间之内，机器人就会准备好消费者的订单。那么，接下来会发生什么呢？也许，还会有人帮你享用它呢！

June Hersh

Yoghurt

A GLOBAL HISTORY

6

肠道反应

仅在2018年，就有4900多份科学出版物探讨了酸奶和肠道微生物群之间的关系。对于普通人来说，这些研究内容烦琐复杂，还经常会出现一项研究同另一项研究相互矛盾的情况。然而，从正在进行的研究和每天的新进展来看，有一点是毋庸置疑的，即酸奶和肠道微生物群之间确实存在某些关联。本章旨在帮助你解读当下一些重要的调查及其结论。如果你想了解相关的统计数据和科学实验计划，请查阅本书参考文献部分，你可以找到为本章内容提供背景资料的完整文章。需要注意的是：每有两项研究显示酸奶是灵丹妙药，就会有另一项研究表明它毫无效用。就像我们研究的其他东西一样，我们要考虑研究成果的来源（许多所谓的研究成果，实际上都是既得利益者资助下的自我宣传），考虑研究规模的大小，考虑它与我们自身的真实关系。然后，在你决定全面改变自己的饮食结构或生活方式之前，请参考这些研究信息，并向专业医疗人员咨询意见。

虽然研究者对酸奶的食疗效果已经做过多方面的研究，但当下研究的重点是那些最为紧迫的问题：酸奶对免疫系统、心血管疾病、2型糖尿病、肥胖问题，以及脑肠连接（指肠胃健康与精神面貌之间的联系）有哪些影响。让我们先从免疫系统说起吧，因为许多医学界人士都认为健康问题与免疫能力有关。西明·尼克宾·梅达尼（Simin Nikbin Meydani）和Woel-Kyu Ha对酸奶的食疗效果与免疫效应之间的联系做了细致的研究，他们回顾并分析了大量研究，旨在探明酸奶为何能够增强人体的免疫系统及其背后的生理机制。研究人员对酸奶在免疫系统中的多种作用做了报告，列举了其对肠道问题和癌症的疗效。最后，他们得出结论："食用酸奶和乳酸菌口服药液已被证明能够刺激宿主的免疫系统。"研究人员称，尽管在研究过

保持健康快乐的肠道是需要严肃对待的事情。

程中存在一些矛盾和实验问题，但是，“这些研究为这一假设提供了强有力的科学依据——提高酸奶摄入量有助于增强免疫力，特别是对老年人等免疫力低下人群来说”。[1]

增强肠道功能还有助于减轻炎症，科学家认为，当炎症得到控制时，免疫系统就可以更好地控制慢性疾病。布拉德·博林（Brad Bolling）是美国威斯康星大学麦迪逊分校食品科学专业的助理教授，他开展了一项科学研究，重点研究酸奶在治疗慢性炎症时可能发挥的作用以及它与免疫系统的关系。在为期9周的研究中，一半受试者食用酸奶，另一半受试者食用布丁，研究结果表明，“持续摄入酸奶可能具有普遍的抗炎作用”。他欣然承认还需要进行更多的研究，但初步的研究成果使他备受鼓舞。[2]酸奶与免疫力之间的联系，会自然而然地引导我们去思考酸奶对于癌症等重疾的疗效。我们知道，共轭亚油酸是一种健康脂肪酸，它存在于反刍动物的乳汁和肉中，酸奶中的共轭亚油酸含量非常高。共轭亚油酸经过发酵以后，疗效可以增强，如果是草饲牛奶的话，其疗效还会进一步增强。美国国家科学院的一份出版物对共轭亚油酸的抗癌特性进行了研究，文章指出，“共轭亚油酸是唯一明确显示能够抑制实验动物发生癌变的脂肪酸”。[3]据此，我们可以得出结论，酸奶与抗癌之间存在联系。2018年，伦敦癌症研究所的梅尔·格里夫斯（Mel Greaves）教授因在科学领域作出突出贡献而被授予爵士爵位，他毕生致力于攻克儿童早期白血病这一医学难题。格里夫斯认为，白血病发病率上升的原因有很多，包括“幼年时期缺乏与常见微生物接触的机会，引发免疫系统功能失调，在某些情况下会导致急性淋巴细胞白血病—— 这是最常见的白血病类型”。目前，格里夫斯正在研究如何加强儿童体内的微生物群，并“阻断慢性炎症”。他的最终目标是“创造一种类似酸奶的饮料，从一开始就防止儿童患上这种疾病”。[4]

人们对食用酸奶与心血管疾病之间的关联非常感兴趣。2018年2月，有一项广泛的研究得出结论："长期多喝酸奶，人们患高血压的风险就越低。"这项研究追踪了数量非常庞大的高血压患者，有55000多名女性和18000多名男性。研究显示，在健康饮食的前提下，每周摄入酸奶超过两份的参与者与每月摄入酸奶不足一份的参与者相比，女性患心血管疾病的风险降低了17%，男性降低了21%。这项研究的作者之一贾斯汀·R.布恩迪亚（Justin R. Buendia）继续说道，"我们的研究成果为这一猜想提供了新的重要证据——无论是单独食用还是作为富含纤维、蔬菜和全谷物饮食的一部分，食用酸奶都有益于心脏健康"。[5]

2型糖尿病和肥胖问题密切相关，针对这一课题，目前有大量的研究正在进行中。2015年，艾米·坎贝尔（Amy Campbell）在其文章《为酸奶竖起大拇指》（*Two Thumbs up for Yogurt*）中，报道了与这两种病症相关的几项研究。第一项研究在剑桥大学进行，调查人数超过2.5万人。研究人员发现，每周至少食用4.5次酸奶的人患2型糖尿病的风险显著降低。虽然酸奶不能治愈肥胖问题，但她引用了西班牙纳瓦拉大学进行的一项为期两年的综合研究，这项研究对8000多名西班牙人进行了调查。研究表明，每周食用酸奶7次以上（含7次）与超重或肥胖发生率降低之间存在着直接关系。在另一项Meta分析中，作者明确表示，酸奶在治疗2型糖尿病方面有着很好的效果。他们得出的研究结论是："我们发现，酸奶摄入量越高，患2型糖尿病的风险就越低。"[6]

弗兰斯·科克（Frans Kok）是荷兰瓦赫宁根大学的退休教授和人类营养学专家。2018年，在《营养酸奶》（*Yogurt in Nutrition*）杂志上刊载的一份研究报告引述了他的观点——酸奶对体重产生积极影响的原因："蛋白质可能影响食欲调节激素，钙可能影响脂肪吸收，活性菌可能改变肠道微生物群落——这些都是酸奶为何会对体重产生有益影响的可能因素。"[7]

我们为了做出最佳决策，需要用到自己的大脑，酸奶在这方面也发挥着作用。人体70%的免疫系统和90%的血清素都存在于肠道中，为了保证身心舒适，我们需要保持肠道的舒适和健康，这也是肠道领域大部分研究的前提。人体肠道中有1亿多个脑细胞，这使得大脑和肠道之间的联系非常强烈。杰伊·帕斯里查博士（Dr Jay Pasricha）是美国约翰斯·霍普金斯大学神经胃肠病学主任，他对“肠道中的大脑”这一概念及其作用作了解释。他的研究表明，这个“第二大脑”就隐藏在人体消化系统的内壁中，它对人体的方方面面（诸如情绪、焦虑心理、新陈代谢以及认知能力等）都有影响。[8]这一认识前提引发了许多重要的研究。最近，加州大学洛杉矶分校医学院的一项研究发现，那些在一个月内坚持食用益生菌酸奶的人，他们的大脑功能确实发生了可测量的改变。克尔斯滕·蒂利施博士（Dr Kirsten Tillisch）是这项研究的一位首席研究员，他表示：“我们的研究结果表明，酸奶的某些成分确实可能会改变大脑应对外界环境的方式……‘你吃什么，你就是什么’、‘直觉’这些概念也被赋予了全新的含义。”经测量大脑活动的脑部扫描显示，与不食用酸奶的女性相比，食用酸奶的女性有了明显的积极变化。[9]有人认为，酸奶甚至可以改变人体对饥饿的感知能力。在剑桥大学出版社发表的一项研究中，实验人员给受试者喂食了等量的液体酸奶和巧克力棒，并对受试者的饱腹感进行了评分。研究者得出结论：“相比于巧克力棒，液体酸奶给人的饱腹感更强。”所以，下次你想缓解饥饿时，不妨选择喝酸奶而不是吃甜食。[10]

让我们换个角度来看，一项有趣的研究表明，酸奶会给我们（也可以说是我们毛茸茸的“肠道”朋友）带来一些有趣的感受。2012年，免疫生物学家苏珊·厄德曼（Susan Erdman）和遗传学家埃里克·阿尔姆（Eric Alm）在麻省理工学院进行了一项研究，他们的研究对象是40只雄性小鼠和40只雌性小鼠。研究人员给其中一组小鼠喂食垃圾食品，给另一组小鼠喂食它们常吃的食物，然后再从每组小鼠中各取一半，每天给它们喂食酸奶。厄德曼负责对结果进行观察和记录，她发现，“每天吃酸奶的小鼠皮毛非常有光泽……雄性小鼠非常活泼……（它们）走起路来大摇大摆，神气十足……总之，这些小鼠都是皮毛充满光泽的性感小鼠”。研究人员还表示，“食用益生菌酸奶的母鼠……（它们）把幼崽抚养到断奶年龄的成功率要更高，而且发生母性疏忽事件的数量更少”。研究人员承认尚不清楚其中的确切原因，但他们推测，食用酸奶的小鼠面临的“压力水平可能更低”。更有趣的是，对小鼠来说，不管是吃日常食物还是垃圾食品，对它们都没有什么影响，但当它们每天都吃酸奶时，它们的身体和精神状态便会发生全面的变化。[11]

2019年，研究人员在第六届全球酸奶健康效应峰会（Sixth Global Summit on the Health Effects of Yogurt）的发言中，回顾了近年来和酸奶有关的大量研究成果，研究表明，酸奶不仅仅是其组成部分的总和。他们强调，在研究酸奶时，必须考虑其食品基质，即特定食物中的综合成分。他们得出结论，酸奶的食品基质使其成为“一种营养丰富的食品，它是人体获取优质蛋白质、钙元素以及其他矿物质和维生素的绝佳来源”。他们补充道：“酸奶对健康的益处源自其所含的营养成分、益生菌和发酵产物。”[12]发酵作用使得酸奶成为一种低密度食品，这意味着每克酸奶中所含的热量更少。食用酸奶还能有效利用其所含的蛋白质，蛋白质经过发酵作用后更易分解，消化起来也就更容易，酸奶中的维生素和矿物质也更容易被人体所吸收。酸奶中80%的蛋白质是酪蛋白，这种蛋白质有助于矿物质的吸收；其余部分由乳清组成，乳清是酸奶发酵过程中产生的淡黄色液体。乳清中含有高浓度的支链氨基酸，每个运动员都知道，这种氨基酸对肌肉的发育和恢复非常有益，据说，乳清是锻炼前后最佳的营养来源。

事实证明，除了不能帮助我们刷牙，酸奶几乎无所不能——纽约市牙医史蒂文·戴维多维茨博士（Dr Steven Davidowitz）曾对酸奶和口腔健康之间的关系发表过评论，他认为酸奶中的钙元素对坚固牙齿很有帮助，但其酸度会对牙釉质造成损害。因此，他建议人们“尽情享用酸奶，然后好好刷牙”。从酸奶发膜到晒后舒缓修复精华，从祛痘功效到护肤养生，酸奶可谓是一种从内到外都能产生益处的食物。研究表明，酸奶还有助于保持骨骼强度，降低过敏风险，治疗肠道问题，促进阴道健康。也许，最重要的是，酸奶能让乳糖不耐受症患者（约占世界总人口的65%，在东亚人口中甚至高达90%）也能安全享受牛奶的益处。

7

地域对酸奶文化的影响

从本质上讲，你享用酸奶的方式，其实与你的祖先享用酸奶的方式有着内在的联系。可以肯定的是，大多数有影响力的酸奶制作者，他们和那些传承了家族传统及食谱的人有着亲缘关系。在为英国广播公司旅行博客撰写的一篇文章中，作者玛达薇·拉马尼（Madhvi Ramani）引用了保加利亚人艾莉莎·斯托伊洛伐的一段话：

> 如果两位来自不同村庄的祖母用相同的原料制作酸奶，其味道也会有所不同。这是因为酸奶是一种个性化产品。它与地域、动物、家庭的特殊口味以及代代相传的制作知识有关。[1]

时至今日，在酸奶的起源地区，它仍然是当地人日常饮食中不可或缺的一部分，但考虑到上面这段话，这也就不足为奇了。然而，随着人们四处迁徙，酸奶文化也随之流传开来（这样说毫不夸张，因为对一些人来说，他们现在遵循的家族酸奶文化就是从其他地方传过来的）。和酸奶相关的传统与习俗、口味与香气、制作与灵感在全球范围内得到共享，这展示了世界是如何无缝拥抱这种多功能食品的。

为了向保加利亚乳杆菌的发源地致敬，让我们从保加利亚开始我们的全球酸奶之旅。在保加利亚酸奶的制作过程中，保加利亚乳杆菌和嗜热链球菌这两种著名的菌株协同作用，创造了酸奶制作的黄金标准，保加利亚人称这种酸奶为“*kiselo mlyako*”。这种酸奶具有独特的酸味、浓郁的口感和特殊的香气，酸奶爱好者很容易就能辨认出这是保加利亚酸奶。在20世纪早期和中期，来自保加利亚的菌株以冻干物或药丸的形式被兜售和运输。1937年，伦敦《观察家报》（*The Observer*）上刊载了一篇文章，文章报道了萨尔茨堡一

保加利亚一个多代同堂的大家庭，拍摄于1912年。此时，保加利亚酸奶已风靡全球。

家小乳品店倒闭的消息，可以说，这是保加利亚酸奶备受消费者推崇的最好证明。据说，包括意大利大师级指挥家阿尔图罗·托斯卡尼尼在内，人们涌向这家维也纳商店，享受诗歌和享用正宗的保加利亚酸奶。下面这些诗句节选自这家店主的诗歌：

为何保加利亚人如此长寿？
为何他们从不感冒？
因为，他们——
喜欢在春冬时节享用酸奶。

保加利亚酸奶属于保加利亚的国家专利，保加利亚人将其同名菌株——保加利亚乳杆菌授权给其他国家使用，如果这些国家想将自己生产的酸奶称为“保加利亚酸奶”，它们就必须从保加利亚购买这种酸奶菌种。关于这一点，最好的例证来自保加利亚罗德比山脉（Rhodope Mountains）中的一个小村庄和中国。2009年，中国的光明乳业股份有限公司推出了一款名为“莫斯利安”的常温酸奶饮品，这款酸奶所用的菌株源自保加利亚境内的一个同名村庄——莫斯利安村（Momchilovtsi）。这款酸奶的产地在上海。如果你去莫斯利安这个小村庄参观，你会在这里看到许多中文标识，还有不少自学普通话的村民。每年，这里都会举办一个盛大的节日——莫斯利安酸奶文化节，而且还会选出一位“酸奶皇后”。这个被称为“长寿村”的小镇有1200多名居民，每年都会招待1000多名中国游客。

新疆维吾尔自治区是中国西北部的一个自治区，这里生活着大量的维吾尔族人，酸奶在新疆的出现，表明这里是全球不同饮食传统的另一个交会点，它也影响着中国文化。维吾尔族人已经在这里生活了1000多年。与汉族相比，他们的烹饪更接近中东风味，“奶酪”酸奶在这里非常受欢迎。

正如美食作家范（Van）在她的个人美食网站中所

在罗德比山脉地区举办的保加利亚传统节日——酸奶文化节。每年，这里都会有成千上万的中国游客到访。

写的那样：

奶酪可以说是早期的酸奶。最早在19世纪时，宫廷厨师们掌握了这道甜点，后来，奶酪的配方发生演变，它的味道变得更柔和、更甜。在20世纪50年代，它开始在北京流行起来，成为注重健康的潮流人士的最爱。[2]

渐渐地，这一食谱在全中国传播开来，如今，在每个集市和繁华街道的小贩那里，都有老北京酸奶销售。边喝老北京酸奶边在市场上漫步，可以说是一种享受。老北京酸奶装在瓷瓶中，封口是系着绳子的蓝白色薄纸盖，吃酸奶时，用细吸管或一次性勺子插进去，然后就可以好好享用了，吃完后，记得再将酸奶瓶归还给小贩。

根据市场分析师陈庆宏（Tan Heng Hong）的说法，中国和东南亚的“千禧一代”正在推动酸奶市场的发展，他们正在寻找具有益生菌功效、奇特有益的纯

装在瓷瓶中的老北京特色酸奶，采用传统的蓝白色薄纸盖包装，还配有吸管。

酸奶菌种——如果这些菌种还有其历史和出处就再好不过了。为了把控牛奶产品的质量，进而把控用此奶源生产的酸奶质量，中国开始收购法国、瑞士以及地理位置上更靠近中国的新西兰、澳大利亚等国家的牧场和乳品合作社。随着中国对西方生活方式的吸收和选择，中国公民对富含蛋白质和钙质的食品的需求日益增长，儿童在这方面的需求尤其强烈。这进一步加强了人们对酸奶的认知，它不仅有益健康，还能增强免疫力，许多中国人都患有高度乳糖不耐受症，但酸奶给他们提供了那些无法从牛奶中获得的营养成分。

如今，中国消费者更多地生活在城市，他们有了更多的可支配收入，也在寻找便携式的营养来源。“方便食品或便携食品”（food on-the-go）这一饮食概念在亚洲市场非常具有吸引力，因此，在中国和韩国，你会发现在湍急的人流中，有女性骑着自行车兜售酸奶。韩国的“酸奶女士”穿着标志性的杏色夹克，戴着粉色头盔。她们驾驶着名为“CoCos”的电动冰箱，是

“Cold & Cool”的缩写。这些带轮子的冰箱可以容纳数量惊人的3300瓶酸奶。在亚洲烹饪文化中，酸奶仍未被视为一种烹饪辅料或主流食品，而是被人们当作一种快速补充营养的方式。中国和东南亚市场有望成为全球最大的酸奶消费市场，其中，饮用型酸奶有助于推动市场发展。

发现并重新认识酸奶的并不只有中国，其他亚洲市场也是如此。日本对酸奶的热爱始于20世纪30年代，当时，一位出生于京都的科学家——代田稔博士（Dr Minora Shirota），对乳酸杆菌与疾病之间的关系进行了探索。经过一番详尽的研究之后，他分离出了干酪乳杆菌代田株，这是一种由300多种乳酸杆菌组成的益生菌，代田稔博士用它来发酵牛奶，并将得到的酸奶产品命名为养乐多。他发明的“养乐多”酸奶和他所说的“只有肠道健康才能延年益寿”的观点受到了日本民众的欢迎和支持。时至今日，养乐多在日本仍然广受欢迎，全球每天有3000多万人享用这种酸奶，因为据说它可以提高人体免疫力，促进肠道消化。1971年，日本乳制品企业巨头明治乳业（Meiji）推出了日本第一款原味酸奶，从而宣示其全面进入酸奶市场。同中国与保加利亚的联系一样，明治乳业意识到与保加利亚开展合作能促进酸奶的销售，于是，它在1973年获得了保加利亚的授权，推出了明治保加利亚式酸奶。明治乳业继续坚持创新，1996年，它又获得了日本的"特定保健用食品"（Food for Specified Health Use）标签的使用权，这进一步提高了酸奶的销量。[3]

最近，日本又推出了一系列新口味酸奶，其中包括抹茶或柿子等深受消费者欢迎的传统配料。为了进一步提升消费体验，产品采用了类似古代漆器的杯子进行包装。预计日本的酸奶市场将会继续增长，但与亚洲其他地区相比，其增长速度有所放缓。

在印度次大陆（包括印度、南亚和中亚的部分地区、巴基斯坦、孟加拉国和喜马拉雅山区），酸奶自古以来就是当地美食不可或缺的一部分。作为一种影响广泛的素食文化，生活在这些地区的居民将酸奶作为补充人体所需蛋白质、钙元素和脂肪的来源。此外，酸奶还是一种清凉食品，可以降低印度菜中常用香料所产生的热量。在印度，酸奶被称为达希（*dahi*，印度用语，意为“凝乳”），与传统酸奶将菌种引入经过巴氏杀菌的牛奶中不同，达希是将乳酸杆菌接种在煮沸的牛奶当中。制作达希是为了促进而不是抑制凝乳的发展，这一点不同于西方的许多酸奶。在印度，制作达希是一项日常活动，将前一天做好的凝乳加入新的牛奶中，就能制作出美味浓稠的酸奶。

凝乳是许多印度特色菜肴的基础。它有助于将米饭和小扁豆汤（*dal*）融合在一起，这样更容易用右手抓起来食用——印度风格的吃法。“*aloo palda*”是加有凝乳的土豆咖喱饭，这是一道经典的帕哈里菜肴，它依靠酸奶来达到黏合食材所需要的稠度。“*mor rasam*”是印度南部的一种酸甜口炖菜，在这道菜肴

凝乳是印度文化中不可或缺的一部分。在庆祝克里希纳神诞生的建摩斯达密节次日，人们会举办一项名为“Dahi Handi”（意为“装在瓦罐中的凝乳”）的活动，青年们通过叠罗汉组成“金字塔”的形式，然后够到挂在高处、装满酸奶和其他美食的陶罐。

中，用酸凝乳来制作类似酪乳的那种特色味道。“*dahi papdi chaat*”是印式酸奶酥脆沙拉，它是将酸奶与各种酸辣酱（如薄荷酱、香菜酱、酸豆酱等）混合之后，作为这道广受欢迎的小吃的配料。酸奶还可用于制作松软的南印度煎饼（*dosas*）以及克什米尔的招牌菜印度香饭——这是一种用慢火炖煮的食物，传统做法是将食材放在密封的厚底锅上进行烹制。除了上面这些美食，甚至还有一种印度版的烤奶酪，将酸奶、洋葱、香料和香草混合在一起，制成达希吐司（dahi toast），在印度，这是一种很受欢迎的早餐食品。

在所有使用酸奶的印度菜肴中，最著名的可能是酸奶色拉（*raita*），它是酸奶和各种配料（如蔬菜、水果、香草、香料等）的清凉混合物。它既可以当调味品，也可以当配菜，制作起来非常简单。拉西（*lassi*）酸奶奶昔是印度的国民饮料，这是一种以酸奶为基底的冰沙，其起源可以追溯到公元前1000年左右的旁遮普地区。这种饮料分咸甜两种版本：加胡椒粉或红辣椒粉即为咸味版，加芒果汁或玫瑰汁即为甜味版。

说到甜点，千万不要忽视马哈拉施特拉邦的经典甜点“*shrikhand*”，这道甜点简单绝妙，只需要三种配料就能制作：过滤后的酸奶、糖粉和香脆的坚果。这是一种充满风味的食物，食用时可以加入藏红花丝，或者撒上豆蔻、开心果等来提味。

在印度尼西亚，人们喜欢食用“*dadiah*”这种食物，它可以说是印尼版的酸奶，是将未加热的水牛奶放在竹笋中发酵而成的。在尼泊尔，人们将食用酸奶作为文化和宗教庆祝活动的一部分。尼泊尔人相信，被称为“*juju dhai*”的酸奶可以带来好运。因此，在举行庆典时，人们经常会在入口处放置装满酸奶的陶罐以迎接庆祝者。现如今，不在这些国家生活的人也可以品尝到这些特色的酸奶菜肴，因为这些酸奶菜肴的烹饪方式已经与其他地区的烹饪方式相融合，并在中东、东南亚、欧洲、北美、非洲和加勒比地区广为流传。

鸡肉印度香饭(Chicken Biryani):虽然不是做法简单的快餐,但它的确是一道美味佳肴。

香草味浓郁、美味可口的酸奶色拉是一种绝佳的蘸酱和调味品。

传统芒果拉西酸奶奶昔是印度的一种混合食品，制作起来很简单。

"*shrikhand*"是一种美味的印度甜点，它来自印度的马哈拉施特拉邦和吉吉拉特邦。

在高加索地区，人们享用酸奶的方式多种多样，其中，最受欢迎的是一种叫作开菲尔的饮料。做一个不太恰当的比喻，这种发酵饮料并不完全是酸奶的“兄弟姐妹”，而更像是“近亲”。开菲尔可以用牛奶、绵羊奶和山羊奶来制作，与酸奶的不同之处在于，它在制作过程中会添加“开菲尔粒”（kefir grains，这个词可能会给人造成误导，实际上，它们并不是真正的颗粒），这样就能酿制出轻微起泡的碳酸饮品。人们将开菲尔视为“发酵乳制品中的香槟”，它在美国和英国越来越受欢迎，被视为苏打饮料的健康替代品。与酸奶一样，开菲尔也富含营养，它含有多种可在室温下进行发酵的益生菌，酒精含量极低，并含有对自身有益的活性酵母，这也是它明显区别于酸奶的地方。智利可能是距离高加索地区最远的地方，那里的人们也开始接触到开菲尔，他们将其称为“鸟酸奶”（birds' yoghurt）。来自俄罗斯的移民将这种饮料引入了智利。只要从网上、健康食品店或其他食品店买来“开菲尔粒”，就可以自己

左图：开菲尔的食用方式有很多种，比如，它可以作为一种美味的饮料，和新鲜香草搭配食用。

下图：开菲尔粒。

动手在家中轻松酿造开菲尔了。

中亚和蒙古人民也喜欢喝酸奶，至今已有几千年的历史，这些地区的“特色酸奶”是马奶酒（*koumiss*，还可写作*kumys*、*kumis*和*kumiss*）。“*koumiss*”一词源自土耳其语，它是一种发酵牛奶，酒精含量约为3%，喝过之后可能会让人感到微醺，但它的分类是在乳制品区，而不是啤酒区。最初，它是用马奶制成的，味道甜美可口。牛奶中因为添加有蔗糖，所以其发酵产品中的酒精含量高于其他动物的奶制品。现如今，由于很难获得马奶，所以在马奶酒的商业化生产中，通常选用牛奶来代替马奶。新“马奶酒”经过轻微的甜化，以保持它原有的风味和起泡特征。1250年，法国探险家卢布鲁克穿越了蒙古草原，他在日记中详细记录了自己的旅行经历，1900年，这些日记被精心翻译出版。对于这种令人陶醉的饮料，他曾在日记中写道，“喝马奶酒使人内心无比愉悦”。

时至今日，酸奶仍然是土耳其美食中不可或缺

1913年4月，在纳姆斯基举办的“耶雅克”（Yhyakh）庆祝节日期间，一位正在舀取马奶酒的雅库特妇女。摄影师：Akim Polikarpovich Kurochkin。

的一部分，这里是酸奶的发源地。酸奶是土耳其人最喜爱的配料、调味品和配菜，也是土耳其最著名的饮料——咸酸奶（*ayran*）的基础食材。据说，咸酸奶是由突厥游牧民族发现的，其本质是一种含乳酸但不含酒精、加水稀释过的酸奶。在炎热的夏季，游牧民族要忍受酷热的沙漠，对他们来说，食用这种咸酸奶非常有用。它有提神补体的作用，因为按照传统咸酸奶的做法，会在酸奶中加入（能够补充能量的）盐。至今，土耳其人和许多生活在这一地区的其他人，他们仍然很喜欢喝咸酸奶，以至于当你走进当地的麦当劳餐厅时，你很有可能会在菜单上看到它。土耳其人还喜欢一道与印度的酸奶色拉非常相似的菜肴，但它有着自己的地域特色。酸奶经稀释后，依次加入盐、大蒜末、黄瓜、薄荷、土茴香，通常，还会再往里加入漆树粉（sumac）、酸橙汁和橄榄油的混合物，最后得到的就是酸味小黄瓜咸奶酪汤（*cacik*），这是一种类似蘸酱的清新凉爽的调味品。它是土耳其许多特色菜肴

传统上来说，咸酸奶是装在铜制马克杯中饮用的，它可以搭配土耳其美食饮用，有提神补体的效用。

（如“*kebabs*”和“*koftas*”，可以将其理解为土耳其版的烤肉串和烤肉丸）的绝佳调味品。

不过，酸奶在土耳其美食中扮演着更加重要的角色，在土耳其人的早餐盛宴“*kahvalti*”中，我们也能看到它的身影。在这一早餐盛宴中，人们吃的不是甜食，而是土耳其鸡蛋（*cilbir*，将酸奶、新鲜大蒜末和盐混合之后，再浇在荷包蛋上）之类的食物。说到土耳其美食，就不能不提到“*manti*”，它可以说是土耳其的小方饺（ravioli）。这些小饺子可以包裹多种馅料，如辣羊肉馅、碎鸡肉馅或碎牛肉馅，饺子浸泡在酸奶酱中，通常还会加入大蒜、辣椒粉、薄荷和迷迭香。土耳其人有自己的脱乳清酸奶——“*suzme*”，这是一种浓稠的油质酸奶，在大多数开胃菜拼盘上都有它。“*suzme*”是腌制肉类的最佳腌料，因为它可以包裹住肉类，其酸味不仅能增强肉的风味，还能起到嫩化肉质的作用。它尤其适合在稍微加热后，与炖山羊肉或炖羊肉搭配食用，能给食材增加酸酸的风味；它还能与面粉混合，作为糨糊或增稠剂使用。“*ekşili pilav*”这类菜肴是素食者的最爱，这是一道由碎小麦粒、番茄、香草、酸奶制成的传统菜肴，酸奶浓郁的口感为这道菜增色不少，搭配慢炖或油炸的茄子食用也很自然美味。塔尔哈纳（*tarhana*）是土耳其的一道招牌菜，它是酸奶、谷物、蔬菜经混合发酵、干燥以后，再研磨成粗面包屑大小的一种汤粉。塔尔哈纳也是安纳托利亚地区的主食，是用汤粉制作而成的一种特色汤。

在不做美味的时候，酸奶也是土耳其一些受喜爱的甜点中的主要原料。可以在酸奶中加入蜂蜜，简单搅拌后食用；也可以以其为配料，再加上面粉等其他食材，然后烘烤成粗面粉蛋糕（*revani*）——这是一种酸奶蛋糕，自奥斯曼帝国时期就已出现在土耳其美食中。

波斯有一种类似于土耳其咸酸奶的稀释酸奶，它被称为酸奶苏打水（*doogh*），通常使用气泡水制作，喝的时候有一种气泡般的体验。酸奶苏打水很可能

干燥的塔尔哈纳汤粉。

做汤时加入塔尔哈纳汤粉，可以使汤的口感变得像天鹅绒般顺滑。

也是由突厥人最早发现并饮用的，因此，它的名字源自土耳其语中的“milking”一词。在酸奶苏打水中加入薄荷或黄瓜，有助于掩盖饮料苦涩的味道，还能增添活力。这种酸奶苏打水以往多是在家中自己制作，但现在，在网上便能轻松购买到瓶装的阿巴里酸奶苏打水（Abali Yogurt Soda）。最近令人感到自豪的一件事是，酸奶苏打水被列入了《食品法典》（Codex Alimentarius），它成为在国际注册、受国际认可的饮料。酸奶在波斯文化中的影响力可谓根深蒂固，以至于在现代伊朗，人们用“搅你的酸奶去吧”（Go beat your own yoghurt）这句话来表达“别多管闲事”。波斯人几乎以能想象到的所有方式来享用酸奶，比如用新鲜香草、菠菜和小扁豆熬制而成的温热酸奶汤——“*ashe-mâst*”。

斯堪的纳维亚人有着悠久的酸奶享用历史。这里气候寒冷，有时甚至还很恶劣，这迫使当地居民采用创造性的方法延长乳制品的保质期。他们喜欢喝

伊朗马赞达兰省哈拉兹公路上摆放的瓶装酸奶苏打水。

一种略微发稠、类似酸奶的饮料，叫作“*filmjölk*”，俗称“*fil*”，这种饮料从1世纪的维京时代就开始出现了。“*filmjölk*”与酸奶的发酵方式不同，因此，它们的味道也不同，但它富含益生菌，被一些人视为瑞典健康饮食的秘密之一。斯堪的纳维亚人还用勺子吃“*villi*”，这是一种北欧发酵酸奶，用嗜温细菌在低温环境下孵化而成。在孵化过程中，酸奶表面会形成一层薄薄的霉菌，这也是“*villi*”具有独特口感、香味和外观的原因。这种霉菌能产生微生物胞外多糖，酿制出绳状的黏稠酸奶，北欧食品实验室的伊迪丝·萨尔米宁将这种酸奶称为“斯堪的纳维亚稠乳”（ropy milks of Scandinavia）或“史莱姆”（slime）。[4]从勺子换到吸管，斯堪的纳维亚人尽情享受着他们的酸奶版酪乳——“*piimä*”，其味道类似奶酪。除了上面这些，当然还有斯堪的纳维亚“超级浓稠”的传统原味酸奶——“*skyr*”。北欧人平均每天消耗100克（3.5盎司）酸奶，这样的“浓稠牛奶”虽然有很多种，但它们各有各的风味和酸度，每一种的口感和味道都很独特。虽然你可能在本地市场找不到这些酸奶产品——除非你生活在位于斯堪的纳维亚地区的那些国家——但在家里自制北欧酸奶所需的培养物，随时可以在网上买到。

非洲大陆也有几种酸奶，在一个大多数人都患有乳糖不耐受症的社会中，酸奶是主要的营养来源。“*mursik*”是肯尼亚的一种发酵酸奶饮料，它是在一个挖空的葫芦中完成孵化的。在往葫芦中加入牛奶或山羊奶之前，会先用当地一种具有抗菌特性的树木灰处理葫芦。经过几天的发酵之后，沥干乳清，用力摇晃葫芦，再加入更多的草木灰作为增味剂。最后得到的是一种略带灰蓝色的饮料，口感丝滑，味道发酸。阿玛斯（*amasi*）是南非的一种酸牛奶，祖鲁人认为它是力量和耐力的源泉，它与纳尔逊·曼德拉（Nelson Mandela）还有着一段有趣的故事。阿玛斯是发酵牛奶沥出乳清以后剩余的浓稠部分，通常浇在谷物或粥上食用。据说，曼德拉当年藏在一个白人社区躲避追捕时，他心里还惦记着这种酸奶。他把一杯牛奶放在窗台上发酵，这让当地白人知道有一个非洲血统的人居住在这里，在种族隔离时期，这显然是非比寻常的。当曼德拉听到一些工人质疑为何会在白人社区出现这种发酵液时，他迅速逃离了这里，以避免被追捕人员发现。

在酸奶界，希腊酸奶可谓名声大噪，众所周知，希腊酸奶经常被人模仿。要想品尝到真正的希腊酸奶，你需要在它的发源地品尝一下“*straggisto*”，这是一种正宗的脱乳清酸奶。在许多希腊菜谱中，都有这种美味食品的身影，其中，最著名的当数希腊酸奶黄瓜酱（*tzatziki*），它的做法和酸奶色拉很像。制作方法很简单，先将沥干水分的黄瓜磨碎，再加入酸奶、薄荷香料、橄榄油、盐和柠檬汁，搅拌均匀。待这些食材的味道充分融合后，即可食用。在许多丰盛的希腊特色美食中，希腊酸奶黄瓜酱都是绝佳的辅料。虽

在希腊地区，希腊酸奶黄瓜酱既可以单独作为一道开胃菜，也可以用作做饭时的酱汁。

然希腊酸奶没有被希腊注册为商标，但欧盟会经常制裁那些将酸奶名称标注为“希腊”的国家，称其是故意误导消费者。据报道，在1948年，希腊总理泰米斯托克利·索福利斯临终前想吃最后一顿饭，风卷残云间，他便喝下了两杯啤酒、一碗汤，当然，还有他心爱的酸奶，这足以进一步证明酸奶在希腊的重要地位。

在阿拉伯和中东地区，酸奶有许多别称，比如“*zabady*”“*laban zabady*”“*roba*”和“*laban rayeb*”。这一地区有着悠久的酸奶生产历史，传统做法是将水牛奶煮沸，然后加入上一批酸奶的发酵剂进行培养。中东酸奶的特点是，酸奶表面会形成一层表皮，而富含脂肪的美味乳脂层则浮在顶部。在斋月期间，每日要禁绝饮食，相传，这种美食的起源就与这一风俗有关，人们认为，食用酸奶可以防止口渴。在中东地区，最有名的酸奶产品可能是“*labneh*”，这是中东地区的主食之一，它的口感类似奶油奶酪，常被拿来和德国、斯拉夫文化中很受欢迎的奶酪状酸奶——夸克

（quark）酸奶作比较。制作“*labneh*”时要经过充分过滤，可以加入少许盐来帮助其释放出所有的乳清。“*labneh*”可以作为蘸酱，几乎在所有开胃小吃盘上都能找到它的身影；也可以当作奶油，涂抹在皮塔饼上食用；还可以和百里香搭配使用，百里香是多种辛辣香料的混合物。在以色列，“*labneh*”是制作沙拉的主要配料，可加无花果、蜂蜜搅拌后食用，也可与谷物混合后食用。迈克尔·索洛蒙诺夫是一位屡获殊荣的厨师，也是以色列美食的民间大使，他将“*labneh*”列为以色列的几种基本食材配料之一，此外，还有芝麻酱和柠檬。

与希腊酸奶黄瓜酱遥相呼应，中东厨师们用黄瓜、大葱和香草制成了自己的黄瓜酸奶酱（*mâst-o-khâir*），它可以作为一种口感清淡的调料。其味道清淡、爽口，可谓是烤肉的绝佳配料。酸奶是制作“*shakriya*”的主要食材，这是一道阿拉伯菜，用酸奶搭配羊肉块、牛肉块或野牛肉块制成，酸奶为这道菜

生活在耶路撒冷的阿拉伯妇女在搬运装有“*labneh*”的容器，大约拍摄于1890年，摄影师：Félix Bonfils。

酸奶和新鲜制备的*zhoug*酱（中东烹饪中常用的一种绿色辣椒酱）混合均匀后食用，味道十分鲜美。

增添了酸味和香浓的奶油味。食用鸡肉咖喱时，搭配上酸奶，可以缓解辣味。在黎凡特地区的传统早餐中（如辣鹰嘴豆、脆皮塔饼），酸奶也是必不可少的佐料。咸酸奶与小扁豆汤也很搭，小扁豆汤是用洋葱、扁豆、香菜、姜黄根粉、小豆蔻和红辣椒片制作而成的美食，实际上，咸酸奶几乎能和所有的中东谷物搭配食用。酸奶最有趣的用法也许是在约旦国菜“*mansaf*”中。制作这道菜时，先用“*jameed*”（一种发酵干酸奶）制成的酸浓酱汁对羊肉进行烹制，然后将其盛放在薄脆饼上食用。按照这一地区的传统，通常在举办庆祝活动时，人们才会在集体餐桌上享用“*mansaf*”这道美食，吃的时候，要用左手托起薄饼，然后用右手的三根手指抓起薄饼中的米饭和“*mansaf*”食用。不过，以酸奶为“主角”的中东甜点，无须举办庆祝活动也可享用。如果你愿意的话，可以尝试做一下“*hareesa*”（记得不要与哈里萨辣酱混淆）这道菜，这是一种粗面粉布丁蛋糕，制作时加入了酸奶、酥脆杏

“*mansaf*”是约旦国菜，酸奶是这道菜的主要特色。

诱人的金黄色、酸酸的柠檬味、蛋糕顶部和中间的咸味酸奶，这款中东粗面粉布丁蛋糕可谓色、香、味俱全。

仁、甜玫瑰水，还有柠檬汁。

酸奶市场的数据分析

虽然酸奶在世界各地都深受喜爱，但生活在不同地区的人们，他们各自对酸奶的喜爱程度并不相同。2016年，荷兰皇家帝斯曼集团（一家全球食品制造商，主要从事食品酶和食物配料的制作）对其6个主要市场的6000名男性和女性进行了调研，以下是基于这项调查得到的快速统计数据。73%的法国人喜欢将酸奶作为甜点单独享用，77%的土耳其人则习惯将酸奶与热餐搭配食用。51%的波兰人更喜欢喝风味酸奶，他们还将其作为日常零食。中国大多数人都喜欢喝酸奶，在最近的五年中，中国市场的销售份额增长了110%以上，用勺子吃酸奶的人只有11%。中国消费者也是因益生菌功效而购买酸奶的最大群体，约占中国总人口的83%，而全球的平均比例仅为50%或者更低。这也解释了为何在2013年至2017年，中国人的酸奶消费量增长惊人，涨幅达到了108%。至于巴西，这里有55%的消费者喜欢用酸奶搭配谷物食用，45%的消费者选择风味酸奶。但是在美国，酸奶仍然未被视为每天必需的健康食品，只有6%的消费者表示，他们每天都会吃酸奶，在这些人当中，有36%的人会选择希腊酸奶而不是其他口味的酸奶。虽然德国人、意大利人和波兰人大多是在吃早餐时顺带吃点酸奶，但在美国，有93%的消费者会把酸奶当作早餐的主食。英国人现在仍然喜欢喝酸奶，但数量相比以前已经减少了。

2018年，英国《每日电讯报》（*The Telegraph*）的一份报告指出，英国人目前消费的酸奶数量明显减少，晚餐减少了近1100万份，午餐更是减少了7300万份，这一数据是惊人的。该报告还指出，在2016年，儿童食用酸奶的数量减少了8200万份。但在法国并非如此，法国人民不会忘记每天享用酸奶。对法国人来说，酸奶是一种信仰。雅克琳·杜波瓦·帕斯基耶是一名新闻记者，通过电子邮件，她与我分享了酸奶在她称为“法国人饮食习惯图景”中所扮演的角色——“酸奶和奶酪一样重要”。在许多法国和欧洲家庭中，酸奶的人均年消费量达到了惊人的30千克（65—70磅），而相比之下，美国仅为6.5千克（约14磅），加拿大为10千克（约22磅）。雅克琳指出，法国的“千禧一代”正在推动植物基酸奶的发展，但她认为，法国人目前还没有做好牺牲“口感”以换取健康的准备。随着酸奶新品种的不断推出，以上这些有关酸奶的数据及其发展趋势是否还会延续下去，这种变化应该是相当有趣的，就让我们拭目以待吧。

June Hersh

Yoghurt

A GLOBAL HISTORY

8

家庭自制酸奶：

从配方开始，爱上自制酸奶

小小姑娘玛菲特，悠闲坐在土墩上，吃着凝乳和乳清。爬来一只大蜘蛛，蜘蛛坐在她旁边，吓跑姑娘玛菲特。

——选自《鹅妈妈童谣》

小姑娘玛菲特是17世纪时一首法国童谣中的人物，她可能是因为知道如何在家里制作更多的凝乳和乳清，所以才在逃跑时放弃了它们。虽然超市的乳制品货架上有无数的产品可供选择，但所有酸奶爱好者至少都应该亲自尝试做一次酸奶。正如拉尔夫·沃尔多·爱默生（Ralph Waldo Emerson）所说："适应自然的节奏；她的秘诀是耐心。"[1]这句话完美描述了自己动手酿造酸奶时的禅修体验，创造出自己想要的口感和味道，而没有那些自己不想要的东西。没有添加糖、盐、增稠剂或改良剂，只有纯正、微酸、口感柔和的美味浓稠酸奶。克劳迪娅·罗登（Claudia Roden）在其精美的烹饪著作《中东美食新书》（*The New Book of Middle Eastern Food*）中解释道："只要稍有经验，就可以掌握酸奶制作的步骤和发酵所需的温度。酸奶的实际制作过程非常简单，但要想成功也需要满足必要的条件。如果这些都能做到，'魔法'就不会失败。"[2]接下来的内容，是教我们如何用带有韵律的词汇来创造属于自己的酸奶魔法：配料，过滤，接种，孵化，冷藏，循环。

配料

要制作牛奶酸奶，以下是需要准备的材料。最重要的原料是优质鲜牛奶和新鲜发酵剂。使用全脂有机牛奶能制作出浓稠、细腻的酸奶，当然，如果你喜欢的话，也可以使用脱脂牛奶或低脂牛奶。如果你没有选用全脂牛奶，那么，为了提高酸奶的浓稠度，你可能需要再添加一些脱脂奶粉。你也可以追随潮流，在牛奶基底上加入奶油，这样可以获得奢华浓郁的口感。记得不要使用超巴奶（又称高温杀菌乳）或超滤牛奶，因为它们经过高温加热处理，使牛奶中的大部分必要酶失去了活性。也可以使用生牛奶，但有一点需要注意，因为它未经加热处理，所以里边的杂菌可能会对人体有害，同时，这些杂菌还会与发酵剂产生竞争。当然了，喜爱生牛奶的人可能会有不同意见，所以，你可以自行决定并选用对自己最好的牛奶。还可以使用牛奶替代品和植物奶，但这样做的话，就需要更多的工序才能使酸奶达到合适的质地和稠度。从本质上来说，不管是哪种牛奶，只要能引入合适的菌种，都会发酵。至于菌种的选择，你可以在商店购买含有活性菌群的纯酸奶来开始第一批酸奶的制作。你也可以在大多数健康食品店或信誉度高的网店购买各种配比组合的发酵剂。

过滤

任何锅都可以用来煮牛奶，但用不锈钢锅煮牛奶时能减少牛奶结块。在锅中加入牛奶前，可以试着在锅里搓几个冰块——这些冷冻层也能防止结块。为了获得最佳效果，你需要慢慢加热牛奶，确保其温度达到80℃。这一加热过程有助于牛奶中蛋白质的变性（分解），从而达到良好的凝结效果；此外，它还能消灭牛奶中的竞争性杂菌，以使发酵剂更好地发挥魔力。

要想让酸奶更浓稠，在加热牛奶时，可将温度保持在80℃，时长在10—30分钟。这样就能做出浓稠的酸奶。此外，你也可以通过添加脱脂奶粉来增加酸奶的稠度——每2升（½加仑）牛奶添加115克（½杯）脱脂奶粉，可根据需要酌量添加，以达到自己最喜欢的稠度。另一种增加酸奶黏度和浓稠度的方法是，用奶油来代替部分牛奶。至于测温工具的话，即时温度计

在加热牛奶时，你需要用到不锈钢锅、木制汤匙和温度计，当然，还要有必要的耐心。

好好享用这层聚集在热牛奶表面的薄膜吧，很多人在自制酸奶时都会这样做。

确实很有用，但你也可以通过眼睛观察来判断牛奶是否已经加热到了合适的温度。牛奶会开始形成一层薄膜，并冒出微小的气泡——这是沸腾前的状态，表明此时牛奶已经加热到了适当的温度。加热过程中要不时搅拌牛奶，去除形成的薄膜。或者，你也可以学英国人那样，将其收集起来，然后涂抹在烤饼上食用——它吃起来就像凝脂奶油一样。在印度，人们将这层牛奶薄膜称为“*malai*”，加入茶或牛奶中食用，可以获得特别的口感。如果加热牛奶时温度过高，也不用担心——只需要降低火候，让温度回落到80℃，然后再继续加热即可。完成这一步，待牛奶冷却后就可以接种了。

接种

现在，牛奶已经被加热到了合适的温度，里面的蛋白质也已被分解，可以开始发酵了。现在，最关键的一步要开始了：接种发酵剂。先将奶锅从火炉上移开，让它冷却到45℃。然后在牛奶中加入发酵剂。值得注意的是，如果在温度过高时加入发酵剂，发酵剂会失去活性；如果在温度过低时加入发酵剂，又会导致其无法充分激活。这里有几种方法可以加快牛奶冷却。你可以将奶锅放入冰浴槽或装满冷水的水槽中，或者用手边可能有的治疗膝盖或肩膀疼痛的冷冻凝胶包把奶锅包裹起来。当温度达到50℃时，一定要将奶锅从冰浴槽取出或解开包裹它的冷冻凝胶包，因为残余的冷却效果可能会使温度降到预期的45℃以下。如果你不介意等待的话，只需将奶锅从火炉上取下，然后去看看书或整理一下橱柜，大约45分钟后再回来；这时候，牛奶应该就可以接种了。定期测试牛奶温度，可以用温度计，也可以用干净的手指浸入锅中来测试温度。如果你能舒适地将手指放入锅里10秒钟，那就说明牛奶已经冷却到足够的温度了。无论你选择哪种冷却方法，一定要使用计时器，以便熟悉牛奶冷却所需要的时间。一旦熟悉了，下次再做时就会熟能生巧了。

如果使用商店购买的酸奶作为发酵剂，在等待牛奶冷却的同时，从冰箱中取出酸奶发酵剂，舀取2汤匙（可配备2升，即½加仑酸奶）放入小碗中备用。如果你使用的是冻干发酵剂，请按照生产商的说明进行操作，因为有些发酵剂需要在使用前激活。制作酸奶时，牛奶量不宜太多，一次做的量最好不要超过2升。如果牛奶量太多的话，可能会在加热和孵化过程中难以保持正确的温度。不要以为只要添加更多的发酵剂就能使酸奶更美味。实际上，这会挤占菌种的生长空间，进而使它们无法完成发酵任务。牛奶冷却以后，舀取一勺牛奶加入放有酸奶发酵剂的小碗中。搅拌均匀后将其倒回奶锅中。慢慢使酸奶发酵剂回温，可以帮助它缓慢地融入温热的牛奶中。

定好计时器，拿一个温度计，让牛奶冷却到合适的温度。

孵化

孵化酸奶是一项考验耐心的工作。酸奶需要放在温暖、不受干扰的地方静置5—12小时，温度需控制在35℃—45℃。孵化酸奶的方法有很多，你可以多尝试几种，看看哪种方法最适合自己。烤箱光照法非常可靠，因为光照产生的环境热量可以保持发酵所需的适宜温度。取一个罐子或可用来孵化的其他容器（要确保将其清洗干净），然后将接种好的牛奶倒入里面，给罐子（或容器）盖上盖子，用毛巾包好，放入开启光照的烤箱中，然后设定好孵化时间。请确保在烤箱上贴上“酸奶孵化”等相关标签，以免有人误开烤箱从而毁掉尚未完成孵化的产品。

除了烤箱光照法，还可用低挡位加热垫包裹容器，或者用装满热水瓶的聚苯乙烯冷却器来保持酸奶的温度。你甚至可以在保温瓶（要有足够的保温时间）中发酵酸奶，或者将容器放在咖啡保温壶或轻便电炉上，然后打开最低挡位进行孵化。在孵化之前，对于你计划使用的方法，一定要先进行测温，以确保温度合适。如果使用的是无须加热活化的嗜温发酵剂，你可以将酸奶放在厨房台面上发酵，温度维持在20℃—45℃，发酵12小时左右即可。当然，速溶锅和酸奶机的出现，已经让酸奶制作变得非常简单，如果你有这些设备的话，可以按照生产商的说明使用这种“傻瓜式”方法。

对于自己制作的这第一批酸奶，你可以在5—6小时后进行测试，从烤箱中取出孵化酸奶的罐子，轻轻晃动。如果酸奶能从容器边缘脱离，质地呈凝胶状，最上边的酸奶或凝乳分离处有一些液体（乳清），闻起来有酸奶的味道，那就算完成了。不过，如果你想要更加浓稠或者口感更酸的酸奶，可以让它静置孵化更长时间。但是，依靠10亿个微生物酿制出的酸奶，其成品效果并不总是恒定的，所以，你酿制的酸奶有可能会更酸一些，也可能会更稀一些，这取决于益生

这台自制酸奶机来自一位勤快的酸奶爱好者，它展示了如何利用环境光来发酵酸奶。

当勺子能在酸奶中立稳时，就说明酸奶快变得浓稠细腻了。

菌的效力、发酵过程中的温度差异以及牛奶保存的时间。总之，酸奶到最后总会酿制好的，但在酿制的过程中，时不时品尝一下味道的细微变化，其实也是一种有趣的惊喜。归根结底，即使自制的酸奶不太完美，也胜过店里购买的酸奶。一旦掌握了时间和制作工序，再次制作酸奶时就会一帆风顺。此外，用不同的发酵剂制作酸奶，其最终效果也会有所不同。所以，自制酸奶时可以多尝试不同种类的发酵剂（如保加利亚、芬兰、希腊或传统的发酵剂），从而找到最能挑动自己味蕾的发酵剂。

冷藏

先不要品尝刚刚酿制好的酸奶，不然，你肯定会大失所望的。让酸奶在容器中放置约1小时。这有助于酸奶适应冰箱的冷藏环境。酸奶冷却后即可食用，如果酸奶有结块，只需加入一两个冰块进行搅拌——结块应该就会消失。酸奶结块属于常见现象，可能是由于牛奶加热过快、孵化时间过长或温度过高造成的。但如果酸奶没有正确凝固的话，下次可尝试让牛奶在80℃的温度下多保温一会儿，或者在下次加热牛奶时速度再慢一些。当然，这也有可能是因为发酵剂效力不足，或者孵化过程停止得太早。再次强调，这绝对算是“失败了就再试一次”的过程。通常情况下，酸奶最多可以在冰箱中保存两周，但放置时间越长，酸奶的功效就越差。当酸奶发出“难闻”的气味，看起来怪怪的或吃起来有异味时，就说明它已经变质了。所以，制作酸奶时秉持“每次少量，多次制作”的原则，可谓是经验之谈。你也可以用冷冻法保存酸奶，这样就可以保存两个月左右。

你可以轻松制作出希腊酸奶。这需要用到干酪包布、平纹细布或大号咖啡过滤器，还需要一个滤网和一个收集乳清的碗。操作很简单，只需将过滤器放在滤网上，然后再将它们放在碗上。如果过滤时间不超

滤去乳清只需要用到过滤器、滤网和碗，剩下的就交给时间了。

过3小时，可以将其放在厨房台面上。一般来说，1小时能滤去20%的乳清，3—4小时可以滤去50%的乳清，一晚上或8小时几乎可以滤去所有乳清。如果在酸奶中加入少许盐，然后放入冰箱中过滤24小时，就可以制作出醇厚、可涂抹的浓缩酸奶。

记住：碗中收集到的乳清千万不要丢掉。从技术上讲，乳清是去除了所有脂肪和固体的牛奶，所以，乳清中确实含有乳糖。可以用它来制作富含蛋白质的奶昔或乳酸发酵蔬菜，也可以用它来腌制肉类和禽类。在大多数食谱中，基本上都可以用乳清来代替水或其他液体，乳清不仅能为食物增添许多营养，还能为食物增添微酸风味。乳清还是自制高汤的绝佳底料：只需在乳清中加入骨头和蔬菜，熬煮数小时即可。此外，乳清还有很多用途。家庭园艺者可以用乳清来浇灌他们的花园，因为乳清中富含氮元素，对于需要额外酸度的植物来说，乳清是最佳选择。甚至可以在植物上喷洒乳清以防止霉菌——这是智胜自然的好方法。许多酸奶生产商把乳清卖给奶农，用来喂养产奶的奶牛。对于那些喜欢泡澡的人来说，有人宣称乳清甚至可以让皮肤变得更加柔嫩细腻。据说，埃及艳后曾在乳清中沐浴，这样的行为虽然听起来有些“出格”，但用乳清泡澡可能确实是一种非常奢侈的享受。

循环

一定要记得，从这次制作好的酸奶中量取60毫升（¼杯），留作发酵剂，等下次做酸奶时可以使用它。如果你不想削弱酸奶发酵剂的效应，请在添加水果或甜味剂之前就完成这一步。将酸奶发酵剂放在密封容器中，在冰箱冷藏室中最多存放7天，在冷冻室中最多存放2个月。解冻后的酸奶方可用作发酵剂，切勿使用冷藏超过7天的酸奶作为新的酸奶发酵剂。养成在容器上标记日期的习惯，这样你就能知道，酸奶是否已经失去了发酵剂的效力，能不能再用来发酵新的酸奶。用商店买来的酸奶制成的传统发酵剂，可以再培养6—7个周期，然后便会失去发酵效力。这时，只需买一个新的容器或包装袋，然后重新开始培养即可。在传代培养物中，菌种的浓度更高，种类更丰富，可以无限期地用作酸奶发酵剂。普通发酵剂就像一根线，拉扯几次后就会断裂，而传代培养物好比蜘蛛网，有许多支撑和结构，并且紧密地联系在一起。如果你能遵循以下步骤和注意事项，就能完成制作酸奶的全部工序，进而收获属于自己的美味酸奶。

要做到：

1. 选用最新鲜的食材。
2. 要有耐心。
3. 尝试不同的奶源。
4. 尝试不同的酸奶发酵剂。
5. 经常在家自制酸奶。

不要做：

1. 匆忙开始下一步。

2. 未到时候就移动酸奶。

3. 在酸奶成品中添加过多东西。

4. 忘记预留下次发酵用的酸奶。

5. 遇到困难灰心丧气。

请注意，在网上搜索牛奶替代品、发酵方法或故障排除方法时，要记得谨慎选择。

June Hersh

Yoghurt

A GLOBAL HISTORY

结　语

我承认，在刚开始写作这本书的时候，我只是偶尔食用酸奶。像大多数美国人一样，酸奶并不是我日常饮食的一部分，对我来说，它更像是一种快速早餐，只有在来不及做煎蛋或煎饼的那些早晨，我才会选用酸奶来代替。但话说回来，在对这种经典食物进行深入研究并进行无数次调制以后，我可以发自内心地说一句，我是酸奶的狂热爱好者。除了酸奶，我不确定自己是否还能举出另一种食物，既有着悠久的历史，又对进化影响深远。说真的，很少有食物能像酸奶这样，有着如此广泛的文化认同、可持续发展面貌以及多种多样的食用选择或用途。酸奶中富含数以百万计的微生物，一旦你敞开怀抱，接纳这种美食，让它们走进你的生活，进入你的肠道，你就能找到数十种享用它的方式，而且，有科学证据表明，食用酸奶确实能

这款半冷冻酸奶很受消费者喜爱，它就像乡村的春天一样，清新自然。

让人变得更加健康、更加快乐。诚然，酸奶不是万能的医药补充剂，也就是说，它不能包治百病。但是，食用酸奶的确是一种简单的途径，它能以一种自然且美味的方式，加强你体内的微生物群落。

对患有乳糖不耐受症的人来说，酸奶是完美的蛋白质载体；对儿童来说，酸奶是一种美味的婴幼儿食品；作为不健康食品的替代品，酸奶无论是烹饪还是烘焙，其品质都令人感到放心。酸奶这种食物，既能受到肉食主义者和素食主义者的共同认同，又能在家里轻松制作、尽情享用。请设想一下，在未来10年内，酸奶产业会如何发展，到那时，乳制品货架又会是什么样子，这是件很有趣的事情。植物基食品和纯素食产品，会不会胜过传统乳制品？异域食物的独特风味，会不会取代目前最受欢迎的草莓风味，一举成为风靡酸奶市场的新口味？相比于勺取型酸奶制品，饮用型酸奶制品会不会在市场上逐渐胜出？对儿童和成人来说，围绕糖类打响的这场战争，又能否真的让他们少吃甚至完全不吃那些不健康食物？美国作家迈克尔·波伦曾在其代表作品——《为食物辩护》（*In Defense of Food*, 2008）中恳求道，“不要吃你曾祖母都不认为是食物的任何东西”。[1]也许，这一很好的建议可以带领我们主动避开“伪劣食品”，并跟随祖先的足迹，由我们自己酿造出一批发酵食品。未来，碳足迹超标的加工食品有望成为过去，而人们对于酸奶这类可持续功能食品的需求，则有望在全球范围内青云直上。东南亚市场的推动、消费者对乳糖能量几乎为零的丰富益生菌的渴望、为保证酸奶健康品质而做的深入研究，在以上这些因素的综合影响下，酸奶或许会从康普茶、花椰菜饭、燕麦牛奶拿铁等食物中脱颖而出，从而抢占食品市场。从新石器时代到现代社会，人类享用酸奶的历史已有千年之久，而且，它还会走得更远，让我们为下一个千禧年干杯：健康地享用这一美食！

June Hersh

Yoghurt

A GLOBAL HISTORY

食　谱

基础款牛奶酸奶

准备时间：30 分钟以内

等待时间：5—12 小时，取决于发酵周期

- 2升全脂牛奶（首选有机纯牛奶）
- 2汤匙商店购买或家里自制的含有活性菌的原味酸奶（作为酸奶发酵剂）

将牛奶倒入敞口大锅里，放在火炉上，用中火加热；加热过程中，要时不时搅拌一下，以防止形成薄膜状的奶皮。用快读温度计测温，等温度达到80℃时，停止加热；保持恒温，时间不少于10分钟，不超过30分钟。保温过后，将锅从火炉上移开，让它冷却到45℃。从冰箱中取出2汤匙酸奶发酵剂，放入小碗中备用。当牛奶冷却到45℃后，在装有酸奶发酵剂的小碗中，加入1汤匙冷却的牛奶；轻轻搅拌均匀，然后将其倒入大锅中。使用第8章中的任一方法进行孵化培养。冷藏后即可享用。

经典老食谱

以前的酸奶食谱虽说简单，但也经典，从这些食谱中，我们可以看出，无论是过去还是现在，酸奶都是简单易做的快餐食品。只不过，这些老食谱所记载的酸奶制作方式，大多都和现在不同，这是因为，它们形成于不同的历史时期。就像你的曾祖母传给你的食谱一样，它们被潦草地记录在破旧的纸张上，具体的食材用量和烹饪过程都很模糊。即便如此，但这些老食谱依然没有过时，所以，请尽情享用吧！

酸牛奶冷汤

取1夸脱酸牛奶，静置，待其凝结成胶状。然后将其放入深煮锅中，熬煮1分钟。另取一个深煮锅，融化1汤匙黄油；加入2大汤匙面粉，搅拌至起泡。

然后将熬煮好的酸牛奶倒入锅中，搅拌到调匀为止。用细筛过滤。最后，在每份酸牛奶冷汤上面，都撒上一勺枫糖粉。这样，酸牛奶冷汤就制作完成了。

酸乳酪沙拉酱

当酸奶开始在全球流行时，刊载有“异国风味”食谱的文章也就随即出现了。1951年1月4日，美国《檀香山广告商报》刊载了这一食谱，当时的标题名为“酸乳酪沙拉酱食物”，读起来有些拗口。看到这份食谱，肯定会有顾客问，“这款沙拉酱中的奇妙新口味是什么？”相信在品尝过后，他们会接着说，即便是“最简单的沙拉食材”，只要添加了这种调味料，也会变得美味。

- 120毫升（½杯）蛋黄酱或沙拉酱
- 120毫升（½杯）亚米酸奶（最好是罐装的）或你最爱的酸奶品牌
- 60毫升（¼杯）番茄酱
- 120毫升（½杯）印度调味品

快速完全地将所有食材混合均匀。用盐和百搭调味料进行调味。这样，酸乳酪沙拉酱就制作完成了。只需将其涂抹在生菜上，即可食用。

橙汁酸奶冰激凌

1961年6月，美国伊利诺伊州弗里波特镇的一家日报社——《弗里波特日报》也不甘落后，刊载了一份以酸奶为作料的食谱，标题起得很巧妙，叫作“Good and Healthy”。他们将这份食谱标榜为“献给年轻人的健康食品”，食谱虽然简单，但时至今日，它依然很受欢迎。

取一小罐冷冻橙汁和半品脱酸奶，在容器中混合均匀。将混合液分成几份，倒入几个小纸杯中，插入冰激凌棍，冷冻后即可享用。

酸奶大麦汤

在亚美尼亚人的饮食文化中，酸奶占有重要地位，像古时候的人那样，他们将酸奶与大麦混合在一起，创造了这道汤谱。后来，吉尔·查瓦斯圣——我的一位亚美尼亚朋友，又将这道食谱教给了我。这一食谱最早可以追溯到1905年，是吉尔的婆婆玛吉·查瓦斯圣从她母亲那里学到的，她的母亲来自土耳其锡瓦斯省。1915年，亚美尼亚人经历了种族灭绝事件，因此，对他们来说，让这些古老的食谱能够继续流传下去，就显得尤为重要。

量取115—170克（约½—¾杯）大麦，放入水中，烹煮45分钟至1小时，煮至麦粒柔软即可。将其冲洗干净，沥干水分，放在锅里稍稍冷却。轻轻打2个鸡蛋，将其加入950毫升（1夸脱）原味酸奶中，搅拌均匀，再慢慢将混合液倒入锅内。取60克（2盎司）黄油和1个切碎的大洋葱，用黄油将洋葱煎熟。在洋葱中加入

2—3汤匙碾碎的干薄荷、3—4汤匙切碎的欧芹。将所有食材搅拌均匀，端上桌就能享用了。如果汤有剩余，下次再吃时，可以在剩下的汤中加些水来稀释一下，然后再享用。

印度芒果拉西酸奶奶昔

我有一位印度朋友，她出生在印度旁遮普邦，据她说，她家每天都要喝美味又清爽的芒果拉西。下面是她家最喜欢的食谱。

- 240克（1杯）原味酸奶
- 120毫升（4盎司）牛奶或水（可根据自己的口味自由选择；如果你喜欢非常浓稠的拉西，也可以不加）
- 180毫升罐装芒果或2个新鲜芒果，去核后切片
- 1汤匙糖、蜂蜜或龙舌兰糖浆，根据口味酌情添加
- 少许盐和小豆蔻
- 切碎的新鲜薄荷（可不加）

将所有食材放入搅拌机，加工1分钟左右，直到调匀为止。

21世纪食谱

老北京酸奶

准备时间：5分钟

烹饪时间：15小时

必要厨具：智能电压力锅

制作分量：6人份

- 60毫升（¼杯）含活性培养菌的原味酸奶
- 120毫升（½杯）酪乳
- 2升（65盎司/½加仑）巴氏灭菌牛奶
- 140克（½杯+2汤匙）细砂糖

取一个碗，将原味酸奶和酪乳全部倒入碗中，用打蛋器将其调成均匀的糊状，直到酸奶没有结块为止；调制好后先放在一边。本配方中用到的原味酸奶，几乎任何品牌都可以，但要避免使用Oui和Fage这两个品牌的酸奶，因为它们的酸度不够，不适合这个配方。

取240毫升（1杯）牛奶，将其和细砂糖放入锅中。开中小火，搅拌，直到细砂糖完全溶解。这个过程需要2—3分钟。关火，将剩下的牛奶全部倒入。

最后，加入调制好的酸奶、酪乳混合液；用打蛋器认真搅拌一会儿，确保培养菌能够均匀分布。将锅内的混合液全部倒入智能电压力锅，然后盖上锅盖。选择酸奶模式，时长设置为15小时，确保它处于“正常”的酸奶制作模式。如果家中没有智能电压力锅的话，也可以使用酸奶机，时长同样设置为15小时。

如果你家有玻璃瓶，可以选择在玻璃瓶中酿制酸奶，这样做，最后的酸奶成品口感会更加浓稠，所以，我个人更偏爱这种酿制方式。玻璃瓶酿制方式：将混合液装入玻璃瓶中，盖上瓶盖。再把玻璃瓶放入智能电压力锅。使用酸奶模式，时长设置为15小时，确保它处于“正常”的酸奶制作模式。

酸奶制作完成后，取出智能电压力锅的内胆，然后将其放入冰箱中，至少冷藏6小时。冷藏期间，尽量不要动酸奶（比如搅拌或将其转移到其他容器中）。如果是在玻璃瓶中酿制酸奶，那么，先将玻璃瓶从智能电压力锅中取出，然后放入冰箱冷藏6小时。

冷藏好后，将酸奶盛到玻璃瓶、罐中或杯子里，用吸管享用。

“*labneh*”奶酪、*zhoug*酱组合

等待时间：最少4小时

实际制作时间：30分钟以内

制作分量：6—8人份

用于制作“*labneh*”奶酪：

- 500克（2杯）希腊酸奶，往里加入适量海盐，搅拌均匀
- 3瓣大蒜，切成碎末
- 1个柠檬，去皮榨成汁

用于制作*zhoug*酱：

- 30克（1盎司）香菜
- 20克（¾盎司）扁叶欧芹
- 3个青椒
- 2瓣大蒜，捣碎
- ½茶匙孜然粉
- ¼茶匙香菜粉
- ¼茶匙海盐

- 3汤匙特级初榨橄榄油
- 2汤匙冷水

制作“*labneh*”奶酪：将蒜末、柠檬汁加入希腊酸奶中，简单搅拌几下。取一个细筛，铺上正方形薄纱，然后将其放在碗上，再将酸奶倒在上面。随后，将薄纱四角并拢，轻轻扎起；放在阴凉处静置，让其自然沥干水分，这一过程大约需要4小时（静置时间越长，奶酪的稠度就越高）。制作完成后，放在冰箱中密封保存，最多可保存3天。

制作*zhoug*酱：将所有食材放入小型食品加工机中，开机搅拌，直到其浓稠度和意大利松子青酱一样。做好的*zhoug*酱，可以在密封容器中保存1周左右，也可以冷冻保存。

将“*labneh*”奶酪放在盘子里，然后淋上特级初榨橄榄油和*zhoug*酱，即可尽情享用。

燕麦酸奶松饼

准备时间：10—15分钟

烹饪时间：3—5分钟

制作分量：4人份

- 180毫升（¾杯）原味酸奶
- 120毫升（½杯）脱脂牛奶
- 115克（½杯）快煮燕麦片（燕麦粥）
- 1个鸡蛋
- 1茶匙香草精
- 1汤匙植物油
- 280克（1¼杯）中筋面粉
- 2汤匙红糖
- ½茶匙小苏打
- 2茶匙泡打粉
- 少许盐
- 少量黄油

将酸奶、牛奶和燕麦片混合在一起，静置10分钟左右；打入鸡蛋，加入香草精和植物油。再将面粉与红糖、泡打粉、小苏打、盐混合。将燕麦片混合物加入面粉混合物中，搅拌至融合。

取一个不粘锅，加热，涂抹上少量黄油。取80毫升左右（约⅓杯）的面糊，用勺子将其放在热锅上，轻轻地摊开。当煎饼表层出现小气泡，且边缘看起来已经熟透时，翻转煎饼，再煎一小会儿，然后移到盘子里。在烹制新的煎饼时，给已煎好的煎饼保温。

抹上煎饼糖浆或枫糖浆，即可上桌享用。

简易版酸奶面团（两种食材）

准备时间：10 分钟

烹饪时间：10—15 分钟，取决于面团的用途

制作分量：4—6 人份

做面团是生活中最美好的手工时刻之一，虽然我想让别人也能够体验这种独特的乐趣，但有时，人们只是想用最少的食材，加上少量的手工工作，去快速简单地做出一个面团。这就是人们需要的那份食谱。使用全脂希腊酸奶，不仅能增加奶油味和酸度，还能产生发酵效应，让自发面粉发酵，从而快速做成多用途面团。面团做好之后，你可以把它擀成比萨饼皮，团成球或捏成面包棍，也可以把它放在热锅里，做成"印度飞饼"式的松软即食面包。从现在开始，酸奶面团将成为你烹饪时的首选面团。

· 280克（1¼杯）自发面粉（如果没有自发面粉，你也可以

自己动手制作：每230克/1杯面粉，只需加入1.5茶匙泡打粉和1.5茶匙盐，搅拌均匀即可）

· 240毫升（1杯）原味希腊酸奶，全脂或低脂都可以

将烤箱预热至220℃。将自发面粉和酸奶放入搅拌机中，用搅棒或揉面团的附件进行搅拌，直到面团开始团聚在一起；将面团从搅拌机中取出，放在撒有少许面粉的揉面板上，揉搓5分钟左右；如果面团太干，可以加一点儿水，如果面团太黏稠，就多加些面粉。此外，你也可以使用食品加工机，或直接在盆中混合。如果用手揉的话，一定要揉够8分钟左右。揉好的面团不需要再醒发，可以随时使用。

制作面包棍：将面团分成四等份，然后再将每份面团分成两小份。在揉面板上撒上少许面粉，将小面团擀成约20厘米（8英寸）长的棍状，放在铺有羊皮纸或涂有少量食用油的烤盘上。在面包棍上刷上少许

橄榄油，用干香草末或海盐进行调味。烤箱温度调至220℃，烘烤10—14分钟，即可上桌食用。

制作“印度飞饼”式的松软即食面包：将铁制平底锅加热，加入橄榄油，覆盖住整个锅面。将面团分成四等份，卷成四个直径约15厘米（6英寸）的圆形面饼。一次一个，将圆形面饼放入平底锅，快速烹调，每面只需煎一到两分钟。煎好后，可以根据自己口味，撒上奶酪、香草或盐，然后即可尽情享用。

如果提前做好了酸奶面团，可以用涂有少许不粘剂或食用油的塑料袋包起来，放在冰箱里冷藏，最多可保存2天。

印度酸奶鸡肉饭

印度酸奶鸡肉饭在印度菜中的地位，正如西班牙海鲜饭之于西班牙菜一样：美味的米饭，辛辣的香料，外加一系列富含蛋白质的食物和蔬菜，这些食材的味道完美融合在一起。酸奶有助于肉类的腌制，还让这道菜变得更加可口，回味无穷。可以根据自己的口味，酌情添加香料，力争将这道令人垂涎三尺的传统菜肴烹调出更适合自己的新风味。

准备时间：20 分钟

腌制时间：至少 1 小时，最多一晚上

烹饪时间：1 小时左右

制作分量：4 人份

用于制作腌制料：

- 2汤匙植物油
- 230克（1杯）切碎的香菜叶

- 115克(½杯)切碎的薄荷叶
- 6个蒜瓣
- 2茶匙新鲜的姜末
- ¼茶匙姜黄根粉
- ¼茶匙肉桂粉
- ½茶匙红辣椒(如果你爱吃辣,可以多加一些)
- 1茶匙小豆蔻粉
- 1汤匙葛拉姆马萨拉(香辛混合料)
- 1汤匙小茴香
- 2茶匙香菜粉
- 2茶匙甜辣椒粉
- 1—2茶匙犹太盐
- 240毫升(1杯)原味酸奶
- 120毫升(½杯)水
- 750—1000克(1.5—2磅)去骨鸡腿(带皮或不带皮都行)

用于制作米饭：

- 2.8升（3夸脱）水
- 2汤匙犹太盐
- 12颗丁香
- 5片香叶
- 8个豆蔻荚
- 1根桂皮
- 510克（2¼杯）印度香米

用于制作脆皮洋葱：

- 2个中等大小的黄皮洋葱，切成薄片
- 240毫升（1杯）中性油（如玉米胚芽油或植物油）

用于制作印度香饭：

- 120毫升（½杯）融化的印度酥油或酥油（澄清黄油）
- 120毫升（½杯）淘米水，在微波炉中加热
- 一大撮藏红花丝

将除鸡肉以外的（用于制作腌制料的）食材，全部放入装有金属刀片的食品加工机中，加工成糊状后，取出，放在容器中，用于腌制鸡肉。再加入酸奶和水，搅拌均匀。取出二分之一腌制料，放在一边备用。加入鸡肉，用腌制料将其彻底涂抹均匀。如果只腌制1小时，鸡肉不需要放在冰箱里冷藏；如果想腌制更长时间（最多一夜），则应放入冰箱冷藏，等到下次烹饪时，提前30分钟将腌好的鸡肉从冰箱里取出。鸡肉腌制期间，同时准备其他配料。

将水煮沸，同时加入犹太盐、丁香、香叶、豆蔻荚和桂皮。将印度香米加入沸水中，不加盖，煮5分钟左右——米不要煮透。沥干水分（保留120毫升或½杯的调味水），放在一边，挑出香叶和桂皮，也可以挑出丁香和豆蔻荚。

米饭可以提前1天做好，冷藏备用。再次烹饪前，先将米饭从冰箱中取出，让其恢复到室温。淘米水也要放入冰箱冷藏。

取一个深度较浅的大炖锅，倒入油，加热，再放入洋葱，用中火烹饪，不停搅拌洋葱，待其微微变色、变脆后，取出来放在铺有吸油纸的盘子里备用。

好了，现在正式开始烹调这道菜：先将印度酥油或澄清黄油融化，放在一旁备用。将前面准备好的食材放在一起。准备期间，将藏红花丝放入温水中浸泡。

舀一半米饭，放入大炒锅中。将腌好的一半鸡肉铺在米饭上面，再用勺子舀取之前留下的一半腌制料，淋在鸡肉上面，再淋上一半融化的印度酥油或澄清黄油，再撒上三分之一脆皮洋葱。剩余的米饭、鸡肉、腌制料、印度酥油、三分之一脆皮洋葱，按照上述步骤再次操作即可。接下来，将浸泡好的藏红花水浇在整道菜上。下一个烹饪目标是，将鸡肉和米饭蒸熟。盖上盖子，用小火蒸煮，直到米饭变软、鸡肉熟透为止，这一过程大概需要40分钟。饭菜上桌前，再将剩余的三分之一脆皮洋葱摆在最上面。这样，美味的印度酸奶鸡肉饭就制作完成了。

印度酸奶酱

印度酸奶酱用途广泛，制作简单，无论食用鸡肉、羊肉还是蔬菜，都能用其当佐料，是一款相当完美的调味品。

准备时间：10分钟

- 1根中等大小的英国黄瓜，去皮，切成丁（如果使用普通黄瓜，先去皮，然后纵向切成两半；用勺子挖出瓜瓤，然后再切成丁）
- 470毫升（2杯）原味全脂酸奶
- ½茶匙犹太盐
- 1茶匙辣椒粉、茴香粉或香菜粉，或三种粉料的组合
- 1瓣蒜，打成蒜末
- 2汤匙剁碎的新鲜薄荷叶或香菜

将黄瓜丁放入滤网中，撒上犹太盐。让黄瓜丁充

分出水后，冲洗干净，彻底干燥后，将其加入酸奶中，并掺入其他食材，搅拌均匀。让印度酸奶酱冷却，使食材的味道充分融合。印度酸奶酱可以保鲜2天左右，但在放置过程中，酸奶酱会变稀，味道变淡，所以，再次食用前要记得先搅拌一下。

印度酸奶

虽然只需要三种食材就可以制作出这种甜美的印度甜点，但你还可以往里面添加各种混合配料，如豆类、坚果等，从而使它成为你自己喜爱的专属甜点。我们这里介绍的这份食谱，添加了藏红花丝和开心果，用来增加食物的风味。

等待时间：8—24小时

实际操作时间：10分钟

- 470毫升（2杯）原味全脂希腊酸奶
- 1汤匙热牛奶
- ½茶匙藏红花丝
- 170克（¾杯）糖粉
- 115克（½杯）盐焗开心果，简单切碎
- 一小撮豆蔻粉

为了进一步增加酸奶的稠度，可以将酸奶放在薄纱中，然后将纱布四角提起，以此形成一个薄纱袋。再用橡皮筋或麻绳将袋口扎紧，然后用铅笔或钩子将装有酸奶的袋子穿起来，悬挂在滤网上面，在滤网正下方放一个碗。

静置一会儿后，将酸奶放入冰箱，让乳清进一步排出，这一过程至少需要8小时，最多不超过24小时。解开薄纱袋，把浓稠的酸奶倒进干净的碗里。将藏红花丝泡在温牛奶中，浸泡约10分钟，让其充分溶解。将藏红花丝浸泡过的牛奶，还有其他食材，全部加入酸奶中，搅拌均匀。盖上保鲜膜，然后冷藏。食用前，再撒上切碎的坚果或干果。将印度酸奶放在冰箱里，可以保鲜，最多可保存3天。

土耳其粗面酸奶柠檬蛋糕

准备时间：1 小时 15 分钟

烹饪时间：1 小时左右

制作分量：12 人份

用于制作柠檬糖浆：

- 470毫升（2杯）冷水
- 680克（3杯）糖
- 3汤匙鲜榨过滤柠檬汁

用于制作酸奶蛋糕：

- 8个鸡蛋，蛋清与蛋黄分开
- 115克（½杯）糖
- 3茶匙柠檬皮
- 230克（1杯）细粒杜兰小麦粉（意面面粉）
- 170克（¾杯）中筋面粉
- 3茶匙泡打粉

· 375毫升（1½杯）希腊酸奶（土耳其脱乳清酸奶）或黎巴嫩浓缩酸奶（中东脱乳清酸奶）

· 少许盐

用于成品点缀：

· 60克（¼杯）研磨好的开心果粉

· 240毫升（1杯）希腊酸奶和黎巴嫩浓缩酸奶，或120毫升（½杯）全脂酸奶与120毫升（½杯）酸奶油的混合液

制作柠檬糖浆：将冷水和糖放入中等大小的锅中，盖上锅盖，快速熬煮3分钟。调低火候，不加盖再熬煮25分钟左右。关火，倒入柠檬汁，搅拌均匀，然后将柠檬糖浆放在室温下，让其自然冷却。

制作酸奶蛋糕：取一个大碗，将蛋黄、糖、柠檬皮全部倒入，搅拌，直到混合物稍微起泡。轻轻加入意面面粉、中筋面粉和泡打粉，再加入酸奶。搅拌至

充分融合。使用电动搅拌器、钢丝打蛋器或手持式打蛋器，将蛋清打发到中性发泡状态，然后慢慢将其调入面粉、酸奶混合物中。调好后，将面糊倒入预热好的烤盘中，均匀摊开，放在烤箱中烘烤25—30分钟，烤至蛋糕外表皮呈淡金黄色、中心部位有弹性触感即可。

从烤箱中取出烤盘，将柠檬糖浆倒在整块酸奶蛋糕上，撒上开心果粉。将蛋糕放在室温下冷却30分钟。冷却好后，切成12小块，每块上面再倒上一勺酸奶，希腊酸奶、黎巴嫩浓缩酸奶或酸奶和酸奶油的混合液皆可。

酸奶冰激凌蛋糕（蜜桃、山核桃酥饼点缀）

能与杰夫·罗斯一起制作这道美味的甜点，我感到非常荣幸，他是大厨、乡绅和烹饪老师，任职于美国田纳西州沃兰德地区著名的黑莓农场。这道菜虽然需要两人合作完成，但真正烹饪起来却很简单，适合在温暖的夏日里愉快享用。我还看到了在农场里吃草的羊群，我们食用的酸奶，乳脂浓郁，其奶源就来自这些羊群。

准备时间：1 小时左右（等待时间、动手烹饪时间）

制作分量：10—12 人份

用于制作冰激凌蛋糕：

- 600毫升（2½杯）重奶油（高脂浓奶油）
- 3—4枝新鲜柠檬马鞭草或罗勒
- 180毫升（¾杯）鸡蛋清（6—7个鸡蛋）
- 340克（1½杯）白砂糖

- 350毫升（1½杯）原味希腊酸奶

用于制作山核桃酥饼：

- 230克（1杯）中筋面粉
- 115克（½杯）红糖
- 60克（2盎司）软化牛油
- 60克（¼杯）烤山核桃
- 60克（¼杯）煎椰果
- 少许盐

用于制作果浆蜜桃：

- 450克（2杯）白砂糖
- 450克（2杯）水
- 1颗香草豆
- 3—4片新鲜无花果叶或桃叶
- 5个桃子，每个桃子切成四块
- 5个新鲜无花果，每个无花果切成四份

制作冰激凌蛋糕：在深煮锅中放入重奶油（高脂浓奶油），小火慢炖。快要沸腾时，关火，加入柠檬马鞭草或罗勒叶，浸泡30分钟至1小时后，捞出果叶，然后将浸泡过果叶的奶油放入冰箱，待其完全冷却后，打发至硬性发泡状态备用。

烧一锅水，水烧开后转为小火。将白砂糖和鸡蛋清放在碗里，搅拌均匀，放在热水锅里加热。偶尔搅拌一下，使白砂糖和鸡蛋清的混合液温度达到70℃（在此温度下，白砂糖将完全溶解）。再将碗放入带有搅拌附件的电动搅拌器中，搅拌至碗底温度达到室温状态。此时，制作好的蛋白酥皮宛如棉花糖奶油，硬而有光泽。

把酸奶和蛋白酥皮轻轻混合。将打发好的奶油分两部分加入酸奶和蛋白酥皮的混合物中，快速搅拌均匀，防止结块。用勺子舀取混合液，倒入蛋糕模具或你想用的碗中——其实，你祖母的茶杯就很好用！然后将其放入冰箱，至少冷藏1小时，或直到其几乎完全冻结。

制作山核桃酥饼：将山核桃和椰果放入烤箱中，烤箱温度调至190℃，烘烤5—6分钟，待香气四溢后，取出烤盘，让坚果自然冷却。将红糖、盐和面粉一起混合，并慢慢揉入软化牛油。将冷却好的坚果大致拍碎，撒在面粉和软化牛油的混合物中，放入烤箱，温度调至190℃，烘烤6—8分钟，待酥饼面皮看起来不再湿润、底部呈现出淡淡的金褐色后，取出烤盘。待烤制好的酥饼冷却以后，用手指捏碎。密封保存，备用。

制作果浆蜜桃：将白砂糖和水倒入锅中，煮沸。关火，加入香草豆、无花果叶或桃叶。取四分之一的蜜桃和4—5个无花果，加入糖浆中，浸泡10—15分钟，然后捞出果叶。（将香草豆冲洗干净，下次还能接着使用）。

将温热的蜜桃和无花果从糖浆中取出，放在冰激凌蛋糕周围，再用山核桃酥饼碎屑点缀。剩余糖浆还可以用来制作甜茶、搭配华夫饼享用，等等。

美颜面膜

里马·索尼（Rima Soni）出生于印度，她是国际知名的美容专家。她是两卷本美容书籍《简单之美》（*Simply Beautiful*）的作者，她还分享了自己的美颜食谱，教读者用酸奶来进行美容养生。

面膜

取1茶匙酸奶、1茶匙捣碎的木瓜、半茶匙蜂蜜，与1汤匙大米粉混合。均匀地敷在脸上，30分钟后擦洗干净，再用冷水冲洗。这种面膜可以让皮肤变得柔软、光滑、白皙。每周坚持敷脸三次，可以让皮肤年轻、健康、有光泽。

发膜

取2汤匙酸奶、1根香蕉和1汤匙蜂蜜，全部放入搅拌机中，打成光滑的混合液。取这种混合液，将其均匀地涂抹在头发和头皮上，然后轻轻按摩。30分钟后，将头发冲洗干净；再用洗发露清洗一遍。这样做，能让头发得到深层次护理，使整个人容光焕发。每周坚持护发两次，可以让头发健康、有光泽。

酸奶的完美搭配

有些食材好比天作之合，二者相得益彰，搭配食用时，风味更佳，如培根+鸡蛋组合，米饭+豆类组合。显然，酸奶也是如此，当酸奶和某些味道奇妙浓郁的食材搭配食用时，效果更佳。以下是几种组合方式：酸奶+其他食材。

酸奶+植物种子=松脆、饱腹的零食。

试试将酸奶和奇亚籽、南瓜籽或亚麻籽等搭配食用，好好享受健康的午宴。

酸奶+香草末=美味蘸酱。

从薄荷碎到香菜碎，酸奶巧妙地融入了香草，创造了一种独特的蘸酱，可搭配蔬菜、皮塔饼、薯片等食用。

酸奶＋香料＝百搭调味品。

从暖香到果仁香，几乎所有香料都可以加到酸奶中，借此丰富酸奶的风味。试着加一撮小茴香、香菜粉、肉桂粉或辣椒粉，尽情享受这一美味。

酸奶＋柑橘类水果＝美味佳肴。

将柠檬、酸橙或血橙去皮，榨出果汁，加入酸奶中，可作为鱼、蔬菜、鸡羊肉的绝佳辅料。

酸奶＋坚果＝富含蛋白质的膳食。

杏仁、开心果或混合干果，在酸奶的丝滑口感外，又增添了相当完美的爽脆口感。

酸奶＋水果＝经典搭配。

酸奶和水果的搭配虽说简单，但并不意味着没有价值。从覆盆子到巴西莓，从切成块的苹果到葡萄干，几乎任何浆果或水果，与酸奶搭配食用，效果都相得

在酸奶中加入坚果，可以很好地平衡食物口感，并提升食物的整体营养价值。

益彰。可以将酸奶和果酱混合，搅拌均匀后食用，也可以制作一个果盘，浇上酸奶后尽情享用。

酸奶＋甜味剂＝美味甜点。

在酸奶中加入一点枫叶糖浆（海枣糖浆、龙舌兰糖浆或蜂蜜都可），可以完美地平衡酸奶本身的酸涩味。

酸奶＋天然提取物＝无限可能。

试着在酸奶中加入几滴提纯的香草精或杏仁香精，来一场味觉大爆炸，这样的食材搭配，热量更低、更健康。

酸奶＋蔬菜＝营养品。

对肉类菜肴来说，酸奶和擦碎的新鲜胡萝卜、甜菜、黄瓜等蔬菜的搭配，是相当棒的辅料。

注 释

前 言 酸奶——千年以来的食品风尚

1 Yogurt in Nutrition Initiative, 'Yogurt for Health, 10 evidence based conclusions' (2018), p. 11 (author's note, Yogurt in Nutrition Initiative-YINI, is a collaboration between Danone Institute International and American Society for Nutrition).

2 Sreya Biswas, 'Yoghurt and the Functional Food Revolution', BBC News, 6 December 2010.

1 回到未来

1 Mark Thomas cited in Adam Maskevich, 'Food History and Culture, We Didn't Build this City on Rock 'n' Roll, It was Yogurt', NPR *The Salt* (16 July 2015).

2 Universität Mainz, 'Spread of Farming and Origin of Lactose Persistence in Neolithic Age', www.sciencedaily.com, 28 August 2013.

3 J. Dunne et al., 'First Dairying in Green Saharan Africa in the Fifth Millennium BC', *Nature*, CDLXXXVI (2012), pp. 390–94.

4 Andrew Curry, 'Archaeology: The Milk Revolution', www.nature.com, 31 July 2013.

5 See 'Feeding Stonehenge: What Was On the Menu for Stonehenge's Builders, 2500 BC', UCL News, www.ucl.ac.uk/news, 13 October 2015.

6 Susanna Hoffman, *The Olive and the Caper: Adventures in Greek Cooking* (New York, 2004), p. 471.

2 "酸奶主义"：一种宗教般的美食体验

1 Floyd Cardoz cited in '3 Chefs Talk Diwali and the Tradition of Indulging in Sweets', https://guide.

michelin.com, 7 November 2018.

3 从微观层面认识酸奶

1 Luba Vikhanski, *Immunity: How Elie Metchnikoff Changed the Course of Modern Medicine* (Chicago, IL, 2016), ebook, cited in Luba Vikhanski, 'The Man Who Blamed Aging on His Intestines', https://nautil.us, 19 May 2016.

2 See Luba Vikhanski, *Immunity: How Elie Metchnikoff Changed the Course of Modern Medicine* (Chicago, IL, 2016), ebook.

3 Ibid.

4 John Harvey Kellogg, *Autointoxication* [1919] (Arvada, CO, 2006), p. 313.

4 酸奶进入市场

1 See Luba Vikhanski, *Immunity: How Elie Metchnikoff Changed the Course of Modern Medicine* (Chicago, IL,

2016), ebook.

2 View the advert and read the transcript at www.englishecho.com/yoghurt, accessed 8 July 2020.

3 'Southland's Yogurt War', *Los Angeles Times*, 21 January 1980.

4 Stephen Logue, 'History of Ski', 18 August 2016, available at https://static1.squarespace.com.

5 文化冲击

1 Dariush Mozaffarian et al., 'Serial Measures of Circulating Biomarkers of Dairy fat and Total Cause-specific Mortality in Older Adults: The Cardiovascular Health Study', *American Journal of Clinical Nutrition* (2018).

2 See the FAQs section at https://ithacamilk.com, accessed 1 July 2020.

3 Nicki Briggs quoted in Elaine Watson, 'Lavva Bets Big on the Pili Nut to Stand Out in the Plant-based Yoghurt

Category', www.foodnavigator-usa.com, 31 January 2018.

4 Sarah Von Alt, 'Chobani Announces New Line of Vegan Yogurt Made From Coconut', https://chooseveg.com, 10 January 2019; 'Non-dairy Yoghurt Market Poised to Register 4.9% CAGR through 2027, Globally', www.globenewswire.com, 9 April 2018.

6 肠道反应

1 Simin Nikbin Meydani and Woel-Kyu Ha, 'Immunologic Effects of Yogurt', *American Journal of Clinical Nutrition*, LXXI/4 (April 2000), pp. 861–72.

2 B. W. Bolling et al., 'Low-fat Yogurt Consumption Reduces Chronic Inflammation and Inhibits Markers of Endotoxin Exposure in Healthy Women: A Randomized Controlled Trial', *British Journal of Nutrition* (2017).

3 National Research Council, *Carcinogens and Anticarcinogens in the Human Diet: A Comparison of Naturally Occurring*

and Synthetic Substances (Washington, DC, 1996).

4 Robin McKie, 'Newly Knighted Cancer Scientist Mel Greaves Explains Why a Cocktail of Microbes Could Give Protection Against Disease', www.theguardian.com, 30 December 2018.

5 J. R. Buendia et al., 'Regular Yogurt Intake and Risk of Cardiovascular Disease Among Hypertensive Adults', *American Journal of Hypertension*, XXXI/5 (13 April 2018).

6 M. Chen et al., 'Dairy Consumption and Risk of Type 2 Diabetes: 3 Cohorts of U.S. adults and an Updated Meta-analysis', BMC *Med*, XII/215 (November 2014).

7 See www.yogurtinnutrition.com/how-might-yogurtinfluence-weight-and-body-fat, accessed 8 July 2020.

8 'The Brain-gut Connection', www.hopkinsmedicine.org, accessed 21 August 2020.

9 Rachel Champeau, 'Changing Gut Bacteria through Diet Affects Brain Function, UCLA Study Shows',

www.newsroom.ucla.edu, 28 May 2013.

10 Didier Chapelot and Flore Payen, 'Comparison of the Effects of a Liquid Yogurt and Chocolate Bars on Satiety: A Multidimensional Approach', *British Journal of Nutrition* (March 2010).

11 April Daniels Hussar, 'Study: Yogurt Makes Mice Slimmer, Sexier... What About Humans?', www.self.com, 8 May 2012.

12 Sgaron M. Donovan and Olivier Goulet, 'Introduction to the Sixth Global Summit on the Health Effects of Yogurt: Yogurt, More than the Sum of its Parts', *Advances in Nutrition*, X/5 (September 2019).

7 地域对酸奶文化的影响

1 Madhvi Ramani, 'The Country that Brought Yoghurt to the World', www.bbc.co.uk, 11 January 2018.

2 See 'Beijing Yoghurt Recipe – Sweet and Tart Drinkable

Yoghurt', https://foodisafourletterword.com, accessed 8 July 2020.

3 Maria Yotova, 'From Bulgaria to East Asia, the Making of Japan's Yoghurt Culture', *The Conversation*, 30 January 2020.

4 Edith Salminen, 'There Will Be Slime', https://nordicfoodlab.wordpress.com, accessed 22 July 2020.

8 家庭自制酸奶：从配方开始，爱上自制酸奶

1 Ralph Waldo Emerson, 'Education', in *The Works of Ralph Walso Emerson* [1909], vol. X, available at https://oll.libertyfund.org, accessed 8 July 2020.

2 Claudia Roden, *The New Book of Middle Eastern Food* (New York, 2000), p. 109.

结　语

1 See '"In Defense of Food" Author Offers Advice for Health', www.npr.org, 1 January 2008.

参考文献

Cornucopia Institute, 'Culture Wars: How the Food Giants Turned Yogurt, a Health Food, into Junk Food' (November 2014), available at www.cornucopia.org

Denker, Joel, *The World on a Plate: A Tour through the History of America's Ethnic Cuisines* (Boulder, CO, 2003)

Fisberg, Mauro, and Rachel Machado, 'History of Yogurt and Current Patterns of Consumption', *Nutrition Review*, LXXIV/1 (August 2015), pp. 4–7

Fona Institute, 'What's Next for Yogurt: A Global Review' (November 2017), available at www.fona.com

Hoffman, Susanna, *The Olive and the Caper: Adventures in Greek Cooking* (New York, 2004)

Kurlansky, Mark, *Milk! A 10,000-year Food Fracas* (New

York, 2018)

Mendelson, Anne, *Milk: The Surprising Story of Milk through the Ages* (New York, 2008)

Metchnikoff, Elie, *The Prolongation of Life: Optimistic Studies* (New York, 1908)

Rodinson, Maxime, A. J. Arberry and Charles Perry, *Medieval Arab Cookery: Essays and Translations* (Los Angeles, CA, 2001)

Toussaint-Samat, Maguelonne, *A History of Food* , trans. Anthea Bell (Oxford, 2009)

Uvesian, Sonia, *The Book of Yogurt* (New York, 1978)

Vikhanski, Luba, *Immunity: How Elie Metchnikoff Changed the Course of Modern Medicine* (Chicago, IL, 2016)

Yildiz, Faith, *Development and Manufacture of Yogurt and Other Functional Dairy Products* (Boca Raton, FL, 2010)

Zaouali, Lilia, *Medieval Cuisine of the Islamic World: A Concise History with 174 Recipes*, trans. M. B. DeBevoise (Berkeley, CA, 2007)

致 谢

感谢Andrew F. Smith，我的文学守护天使。如果没有他的指导和支持，这本书以及我之前的其他作品，都不可能完成。感谢他一直以来对我的支持，写作本书时，在他的建议下，我把自己对烹饪的兴趣引向一个新的方向。

感谢Reaktion Books这一出版团队，特别是Harry Gilonis、Alex Ciobanu和Amy Salter，他们和Michael Leaman一起远赴重洋，来到美国，对我进行悉心指导，我才得以一步步完成这本书。

感谢信任我的试吃者们：我的孙辈们，以及Henry、Daisy和Aria。因为我是首次尝试自己动手酿制酸奶，所以，他们忍受了太多次“失败”的酸奶：水分过多、稠度太稀、味道太酸或不够酸，但最终，他们对我的酸奶竖起了大拇指，并鼓励我把自制酸奶作为每周的例行活动。

感谢达能北美公司对外交流高级总监迈克尔·纽沃斯，Siggi's公司创始人西吉·希尔马森，埃黎耶·梅契尼科夫的专栏作者及生活专家卢巴·维汉斯基，Peak Yogurt品牌创始人埃文·西姆斯，Dystonia Medical Research Foundation首席科学顾问Jan Teller，My French Life博客的记者和联络员Jacqueline Dubois。感谢他们抽出宝贵的时间，和我分享对于酸奶及其相关知识的诸多见解。

感谢我的丈夫Ron，感谢他在我制作酸奶后，为我提供高难度的清理服务，如果没有他的爱与支持，我所有的项目都不会顺利完成。在过去的40多年里，无论我是在写作本书还是在做其他事情，每当我遇到困难、深陷泥潭时，他都会一直坚守在我身边，帮助我找到前行的方向。